《心安万安："两山"转化新路径的探索与实践》编写组

主　　编　邱爱华　徐步朝

副 主 编　陈延端　邱德章

编　　委　彭　琳　刘志飞　唐茂林　金　雪　段艳丰　郑　鹏
何源明　赖晓琴　杨传育　王自悦　孙　梦　翟晓敏
洪婷婷　罗昕怡　沈鸳鸯　陆晓颖　颜小洋　朱良伟
吕小专　刘　强　周　军　王显力

心安万安

『两山』转化新路径的探索与实践

邱爱华 徐步朝◎主编

江西人民出版社
Jiangxi People's Publishing House
全国百佳出版社

图书在版编目（CIP）数据

心安万安 :“两山”转化新路径的探索与实践 / 邱爱华 , 徐步朝主编 . -- 南昌 : 江西人民出版社 , 2025. 7. -- ISBN 978-7-210-16725-9

Ⅰ. X321.256.4

中国国家版本馆 CIP 数据核字第 2025ZT2865 号

心安万安 :“两山”转化新路径的探索与实践　　邱爱华　徐步朝　主编

XINAN WANAN :“LIANGSHAN” ZHUANHUA XIN LUJING DE TANSUO YU SHIJIAN

责 任 编 辑：饶　芬
封 面 设 计：上尚设计

江西人民出版社 Jiangxi People's Publishing House 全国百佳出版社　出版发行

地　　　址：江西省南昌市三经路 47 号附 1 号（邮编：330006）
网　　　址：www.jxpph.com
电 子 信 箱：jxpph@tom.com
编辑部电话：0791-86898873
发行部电话：0791-86898815
承　印　厂：江西千叶彩印有限公司
经　　　销：各地新华书店

开　　　本：787 毫米 ×1092 毫米　1/16
印　　　张：12.75
字　　　数：190 千字
版　　　次：2025 年 7 月第 1 版
印　　　次：2025 年 7 月第 1 次印刷
书　　　号：ISBN 978-7-210-16725-9
定　　　价：78.00 元
赣版权登字 -01-2025-439

·前言· >>>

江西生态优美、名胜甚多，绿色生态是江西最大财富、最大优势、最大品牌。习近平总书记嘱托江西，要坚定不移走生态优先、绿色发展之路，推动全面绿色转型，打造生态文明建设高地。新时代以来，全省上下牢记习近平总书记殷殷嘱托，扎实推进国家生态文明试验区建设，生态环境质量全国领先，绿色发展动能持续增强，生态文明制度不断完善，成为全国生态文明建设"优等生"。绿水青山转化为金山银山的关键在于建立健全生态产品价值实现机制。作为国家生态文明试验区的重要组成单元，吉安市万安县以先锋姿态，坚决扛起"国之大者"的生态担当，深入推进生态文明建设和绿色低碳发展，聚焦"两山"转化，探索系统化治山理水、数智化赋能加力、市场化高效运作、实体化运营转化、品牌化锻造优势、多元化协同保障的发展路径，着力构建"资源—资产—资本—资金"转化通道，为全省乃至全国打造生态优先、绿色发展的县域实践样板。

万安县地处赣江中游生态廊道，坐拥"一江碧水穿城过，万顷青山入画来"的立体生态格局。县域内赣江干流延展 90 公里，万安湖国家湿地公园总面积 4 075.88 公顷，其中湿地面积 2 052.98 公顷，湿地率达 50.37%，形成候鸟迁徙的黄金通道与生物多样性宝库。拥有国家主体功能区建设试点示范县、国家重点生态功能区、国家生态保护与建设示范区、全国生态文明示范工程试点县、江西省生态文明建设示范县、省级森林城市等"生态名片"，依托多项国家级生态试点政策叠加优势，创新构建山水林田湖草沙一体化治理体系，加快经济社会发展全面绿色转型，森林覆盖率稳定在 71.81%，空气优良率连年保持在 98% 以上，生态质量指数（EQI）稳居全省前列。万安国家森林公园、万安湖国家湿地公园 2 个国家级自然保护地成为区域生态旅游的新标杆，实现了生态"颜值"与经济"成色"的双提升。

万安县深入践行习近平生态文明思想，不断深化对新发展理念的认识，深入实施生态兴县战略，以系统化治理、数智化赋能、实体化转化、市场化运作、品牌化打造、多元化建设、战略化引领"七化"为抓手，形成集群成链效应，全力推进"两山"转化突破攻坚战，努力实现"绿水青山"与"金山银山"的双向奔赴。绿色农业、生态文旅、康养度假等特色产业

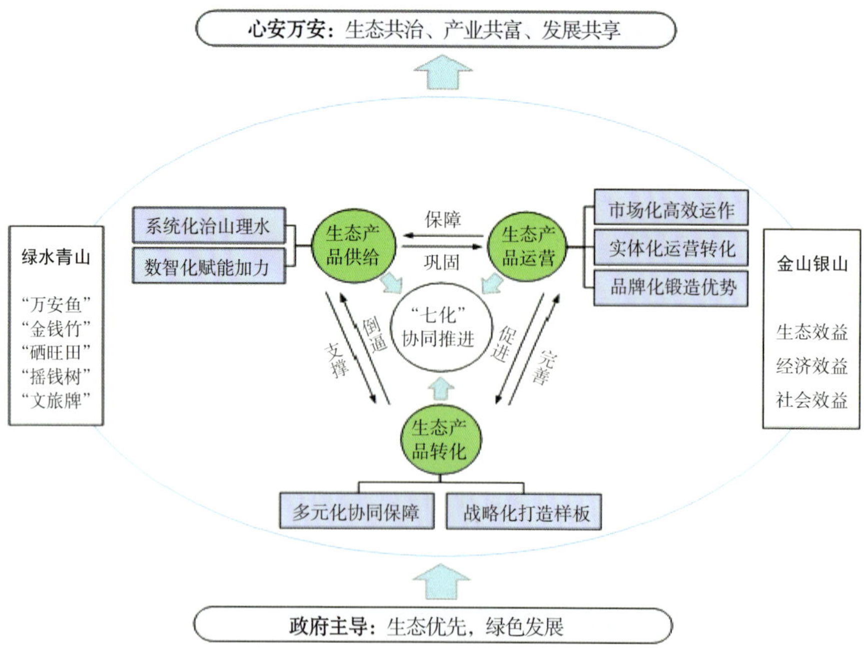

万安县"七化"协同推进"两山"转化路径图

蓬勃发展，山林、水域、田园等沉睡资源全面激活。以“生态+”产业链培育富硒农产品、森林康养等特色产品，推动农产品溢价超30%；创新“生态信用贷”“水权交易”等绿色金融模式，生态产品交易规模突破2亿元；依托“生态合作社+农户”联结机制，建成18个村级运营中心，带动3.6万农民户均年增收8 000元；形成“生态保护+产业开发”“渔光互补+生态旅游”等典型生态资源开发模式，实现生态保护、产业升级与乡村振兴协同发展，为南方丘陵地区探索出生态产品价值实现的可复制经验。

迈入加快打造国家生态文明建设高地、深入推进绿色低碳发展、全面建设美丽中国“江西样板”新征程，万安县聚焦“走在前、勇争先、善作为”目标要求，以统筹生态产业化与产业生态化双轮驱动，系统集成生态保护修复、绿色产业升级、城乡环境美化、低碳循环发展。下大力气在构建现代化生态经济体系、拓展“两山”转化高效通道、打造人与自然和谐共生典范、健全绿色治理长效机制等关键领域实现突破性进展，大力推动万安打造全省绿色能源和电子信息产业基地、赣江中游生态经济带重要节点和山水文化园林城市。加快完善落实绿水青山就是金山银山理念的体制机制，深化一揽子政策创新，推动生态高“颜值”转化为发展高质量，奋力谱写生态兴县新篇章，让万安的绿水青山成为群众增收的“幸福靠山”、区域崛起的“绿色引擎”，为全国生态产品价值实现贡献更多万安经验。

目录

第一章

贯彻新发展理念　描绘万安绿色发展蓝图

习近平总书记深刻指出："我们既要绿水青山，也要金山银山。宁要绿水青山，不要金山银山，而且绿水青山就是金山银山。"这一科学论断，为新时代推进绿色发展指明了方向。万安县深入贯彻新发展理念，精心擘画绿色发展蓝图，全力破解"守着绿水青山过穷日子"的发展困局。全县生态资源得天独厚，森林覆盖率高达71.81%，可养殖水面积达20余万亩，县域全境土壤天然含硒，是名副其实的鱼米之乡、生态之县。如何将这些得天独厚的生态资源优势转化为发展胜势，成为县委、县政府亟须解决的重要课题。近年来，万安县深入践行习近平生态文明思想，坚持系统观念，搞好顶层设计，深入实施生态兴县战略，以系统化治理、数智化赋能、实体化转化、市场化运作、品牌化打造、多元化建设、战略化引领等"七化"为抓手，形成集群成链效应，全力推进"两山"转化突破攻坚战，努力实现"绿水青山"与"金山银山"的双向奔赴。生态环境质量在全省名列前茅，人均收入明显提高，生态环境保护与经济发展同步推进，绿水青山与金山银山互促共进成效明显。先后获评国家主体功能区建设试点示范县、国家重点生态功能区、国家生态保护与建设示范区、全国生态文明示范工程试点县、全国富硒示范县、江西省生态文明建设示范县、江西省富硒功能农业一类重点县、省级生态产品价值实现机制改革示范创建基地等称号。

第一节　赣中南锦绣丰饶的大美万安

生态环境是人类生存最为基础的条件，是我国持续发展最为重要的基础。良好生态环境是发展优势和宝贵财富，也是实现生态价值转换的坚实基底。万安县地处江西省中南部，吉安市南缘，东接兴国，南邻赣县、南康，西接遂川，北靠泰和，历史悠久，素有"五云呈祥，万民以安"之美誉。

全县深入学习践行习近平生态文明思想，贯彻落实习近平总书记考察江西重要讲话精神，按照"以生态保护为本、以资源培育为根、以发展利用为要"思路，立足优越的自然条件、丰富的生态禀赋以及厚重的人文底蕴，坚定不移地实施生态立县战略，探索推进"两山"转化新路径，驱动生态要素向生产要素、生态财富向经济财富、生态优势向发展优势转变，生态环境质量名列全省前茅，为依托生态资源、发展生态经济、推动绿色发展奠定了良好的基础。生态环境保护带动经济发展，全县人均收入显著提高，生态环境保护与经济社会发展同步推进，先后获得国家重点生态功能区、国家生态保护与建设示范区、全国生态文明示范工程试点县、全国宜业宜居典范城市、全国富硒示范县等"国字号"荣誉，为推进生态产品价值实现奠定了深厚基础。

一、生态地位之"重"

万安被纳入国家重点生态功能区，拥有万安湖国家湿地公园等重要生态名片，是赣江中游生态安全屏障的核心节点，更是罗霄山脉与武夷山脉生态廊道的重要交汇区，其生态功能对保障赣江流域生态安全、维系鄱阳湖水系健康具有战略意义。据《江西省国土空间规划（2021—2035）》显示，万安县域生态保护红线面积占比达 36.8%，位居吉安市前列。

赣江中游"生态脊梁"的关键支撑。万安处于罗霄山脉与武夷山脉过渡带，作为赣江流出吉安市的最后一道生态防线，其山地森林系统对拦截上游泥沙、净化流域水质具有特殊作用。县域内建有三大生态保护区：万安湖国家湿地公园（批复面积 4 075.88 公顷，含赣江干流 45 公里水域）、万安县级自然保护区（批复面积 2 030.47 公顷）、赣江特有鱼类国家级水产种质资源保护区（核心区面积 350 公顷）。这些生态板块共同构成“山—水—林—田—湖”立体防护体系。

赣江流域水源涵养的核心区。赣江全长 766 公里，吉安段占赣江长度的三分之一，而万安段又占吉安段的三分之一。万安以高度的生态自觉，当好新时代的“生态哨兵”，呵护“江西水塔”。水是万安最大的生态资源，全县牢牢把握水资源带来的优势与便利，以系统性思维推进水生态保护工作，建立了“河长制”“湖长制”，坚持“保护优先、绿色发展，统筹布局、重点规划”原则，加强水监管，确保赣江水质 100% 达标。作为赣江入鄱阳湖前的重要“蓄水池”，境内赣江段年均过境水量达 328 亿立方米，占赣江总水量的 18%。特别是万安水库区，总库容 22.16 亿立方米，水源涵养能力评估值达每年 2.8 亿立方米，其水土保持功能覆盖赣江中游 17% 的流域面积，有效削减泥沙下泄量达年均 12 万吨。

生物多样性保护的生态秘境。依托独特的“江湖过渡带”生态系统，境内记录有中华秋沙鸭等国家一级保护动物 5 种，胭脂鱼等珍稀鱼类 21 种。万安湖湿地作为东亚—澳大利西亚候鸟迁飞路线的中转站，每年观测到越冬候鸟超 3 万只，其中全球极度濒危物种青头潜鸭连续 5 年稳定栖息。特有的赣江鱼类保护区保存着稀有土著鱼种光倒刺鲃等 12 种，被中国科学院水生生物研究所认定为“赣江鱼类基因库”。

二、生态环境之“美”

万安生态环境优美，绿色底蕴深厚。为保护一方碧水青山，严守“生态、耕地、水资源”三条红线，万安将全县 36.8% 的面积纳入生态保护红线范围，把发展空间还于自然。依托赣江黄金水道与罗霄山脉生态廊道，建成了万

图1-1　万安湖风景

安湖国家湿地公园（试点面积 4 075.88 公顷，湿地率 50.37%）、万安国家森林公园等核心保护区，形成"一湖两江四岸"的生态格局，生态保护与修复面积居吉安市前列。万安是天然氧吧，森林覆盖率达 71.81%、森林蓄积量 828.3 万立方米，空气质量优于二级标准。赣江由南向北纵贯全县 82 公里，占赣江全长九分之一，水质常年保持在Ⅱ类标准以上。万安水电站、井冈山航电枢纽建成后，形成两座静态水面——万安湖和心安湖，总库容超 25 亿立方米，被誉为千里赣江最美的一段。

万安以"山水相融、绿意盎然"的生态底色，绘就了赣江中游的生态画卷，空气清新，气候温润，四季分明，生态宜居。2023 年空气质量优良天数比例达 99.4%，$PM_{2.5}$ 年均浓度 17 微克 / 立方米，稳居吉安市首位、全省前列；森林覆盖率长期稳定在 71.81%，活立木蓄积量 829.98 万立方米，负氧离子含量常年保持高值，被誉为"赣江绿肺"。境内赣江段水质常年保持Ⅱ类标准，集中式饮用水水源地达标率 100%，为长江中下游水生态安全提供了重要保障。

三、自然资源之“富”

水资源充沛。全县多年平均降水量 1 419.8 毫米，折合水量 29.05 亿立方米，多年平均水资源总量 15.29 亿立方米。河流均属赣江水系，呈树状分布，主干河流赣江由南向北纵贯县境中部，流向中上游呈南东—北西向，下游从百嘉镇的九贤转折为北东向进入泰和，流经本县总长 90 公里。主要支流有流经县境西北部的蜀水和从遂川入境流经本县西部的遂川江等。有中小型水库 104 座，湖内浮游生物量极为丰富，可养水面积高达 23.3 万亩。万安充分利用大水面生态资源优势，全力筑造生态鱼全产业链。

森林资源丰富。万安地处罗霄山脉与赣江过渡带，山地丘陵占总面积的 65% 以上，森林覆盖率长期稳定在 71.81%，活立木蓄积量达 829.98 万立方米，竹林总面积 36.5 万亩，立竹量 6 149 万根，形成“江南竹海”景观。依托赣江生态廊道，县域内生态公益林面积达 685 851 亩，占林地总

图1-2 万安水电站

图1-3　万安国家森林公园一角

面积的47%，天然次生林占比超40%，构建起赣江中游重要水源涵养林体系。全县林地面积216.45万亩，森林蓄积量828.3万立方米，拥有省级森林城市等"生态名片"和万安国家森林公园、万安湖国家湿地公园2个国家级自然保护地。万安属于国家林草局、三峡集团和省林业局对口帮扶的林业重点县，全县现有毛竹林面积36.5万亩、油茶面积28.54万亩、新增林下

图1-4　万安湿地公园

经济种植面积 2.15 万亩。

湿地资源丰富。万安现有湿地面积达 14.58 万亩，可纳入后备湿地资源 4 590 亩，湿地保护率达 63%，湿地生态产品多样，境内拥有江西万安湖国家湿地公园和江西万安云洲省级湿地公园。万安湖国家湿地公园总面积 4 075.88 公顷，其中湿地面积 2 052.98 公顷，湿地率达 50.37%。万安云洲省级湿地公园规划总面积 42.67 公顷,其中湿地面积 16.09 公顷。近年来,按照“保护优先、合理利用、政府引导、市场运作”原则，积极探索湿地占补平衡交易、公益林（天然商品林）补偿收益权质押贷款等生态价值实现路径，增强湿地、林木生态产品价值变现能力，加快推动生态产业化、产业生态化。同时，加快补齐生态短板，增加生态产品供给，不断创新生态产品价值实现方式，实现绿色富民惠民。

富硒土壤分布广。江西省地质调查研究院调查结果显示，万安县拥有富硒土壤面积 120.31 万亩，潜在富硒土壤面积 31.39 万亩。县域全境土壤天然含硒面积达 120 余万亩，境内足硒面积 1 673 平方公里、富硒面积 280 平方公里，分别占全县总面积的 82% 和 13.7%，是全国富硒示范县、江西省富硒功能农业一类重点县。立足资源特色，万安县重点发展以富硒水稻、富硒水果、富硒茶叶、富硒油茶为主导的绿色生态产业，并积极布局富硒中药材。全县富硒农产品基地已达 69 个，总面积 21.6 万亩，形成了富硒产业集聚和规模效益。

动植物资源品种多样。全县地处中亚热带地区，气候类型为中亚热带北部湿润气候，多年平均气温 18.5 ℃，年均降水量 1 600 毫米。动植物种类相当丰富，境内记录有维管植物 156 科 528 属 1 024 种，其中国家二级保护野生植物金毛狗蕨、樟树等 12 种。野生动物名录涵盖哺乳类 32 种、鸟类 217 种、两栖爬行类 46 种，其中有国家一级保护动物中华秋沙鸭、海南鳽等 5 种,国家二级保护动物白鹇、鸳鸯等 29 种。赣江万安段有光倒刺鲃、万安玻璃红鲤鱼等 21 种珍稀鱼类的稳定种群，印证了“一江碧水养万类”的生态奇迹。

图1-5 国家一级保护动物——中华秋沙鸭

第二节　绿水青山面临保护发展困局

万安自古便因“五云呈祥,万民以安”的祥瑞生态被誉为“赣江绿肺”，其得天独厚的自然资源禀赋，本应是驱动区域发展的强大引擎。然而，在相当长的历史时期内，却深陷于“生态富饶”与“经济滞后”的矛盾之中，当地丰富的生态资源未能有效转化为富民强县的资本，“守绿难致富”成为亟待破解的现实困境。生态产品开发长期处于粗放状态，产业链条关键环节缺失，产权制度模糊与绿色金融支撑严重缺位，叠加渔民退捕生计转型困难、林农收益微薄等多重矛盾，共同导致了“资源—资产—资本”的转化路径严重受阻,绿水青山的“高颜值”难以兑现为金山银山的“高价值”，成了一道亟待破解的发展难题。

一、资源低效开发：生态优势难转经济胜势

万安县虽坐拥丰厚的生态资源宝藏，却囿于开发理念滞后、技术支撑不足和产业规划缺失，长期陷于低效利用的泥沼。资源开发普遍呈现“大

而不强”“粗而不精”“隐而不彰”的尴尬局面，其核心问题在于未能将生态资源的先天优势，通过集约化、精细化、品牌化的方式，有效转化为市场竞争力与经济效益。无论是浩渺的水域、广袤的竹林，还是珍贵的富硒土壤，大多停留在初级形态或原始状态，价值挖掘严重不足，资源优势如同深埋地下的矿藏，未能焕发出应有的经济光彩。这种低效开发模式不仅制约了地方经济增长和农民增收，更在无形中造成了资源的潜在浪费甚至生态风险的累积，亟待通过科学规划和产业升级予以扭转。

渔业资源“大而不强”。万安湖水域面积广阔，高达13.5万亩，是发展生态渔业的天然宝库。然而，历史上曾因网箱养殖无序扩张，不仅严重阻碍了赣江防洪航运，还严重污染了赣江水质，影响了下游居民的饮用水安全。尽管得益于整体良好的生态基底，水质长期稳定在Ⅱ类标准，但在产业发展上，长期依赖传统的天然捕捞和初级加工模式，科技含量低、附加值低，导致渔业年产值与其资源体量极不相称。标志性产品“万安鱼头”虽在本地享有盛誉，但由于缺乏标准化生产、精深加工和品牌化运作，始终未能突破地域限制，形成具有广泛市场影响力和完整产业链条的区域公用品牌，资源优势未能充分转化为产业优势和经济胜势。

林业资源“粗而不精”。全县拥有竹林资源36.5万亩，油茶面积28.54万亩，林业资源禀赋突出。然而，由于采伐设施、经营模式等相对滞后，直接影响了竹林的经营和产业发展。竹产业面临深加工能力严重匮乏的瓶颈，缺乏竹纤维提取、竹基复合材料、竹工艺品等高附加值加工企业，导致竹材多以原竹或粗加工形态销售，市场竞争力弱，滞销现象时有发生，资源利用效率低下。油茶产业同样停留在低水平发展阶段，普遍采用分散的个体小作坊榨油模式，生产工艺落后，品质参差不齐，缺乏规模化、标准化生产和精深加工（如茶皂素提取、化妆品原料开发等），产业链条被人为截断在“卖原料”的初级阶段，林农收益难以显著提升。

富硒资源“隐而不彰”。境内蕴藏着珍贵的富硒土壤资源，面积高达120余万亩，具有发展特色高效农业的独特优势。然而，在2017年之前，这片"黄金土地"的价值长期被忽视和埋没，富硒资源未被系统勘探、规划和开发，仅有零星农户自发尝试种植富硒水稻、水果等作物，缺乏统一的技术指导、品种选育和规模经营。更关键的是，全县未建立起区域性的富硒农产品公用品牌，缺乏精深加工转化，销售渠道也极度依赖本地零散市场，没有形成稳定高效的营销网络。优质的富硒大米、水果等特色农产品犹如"养在深闺人未识"，其独特的健康价值和市场溢价能力远未得到释放和认可。

二、产业链条断裂：资源到市场的转化梗阻

万安生态产品价值实现的困境不仅缘于资源端的低效开发，更在于从生产源头到终端市场的整个产业链条存在严重的"梗阻"和"断点"，各个环节相互脱节，未能形成协同高效、价值递增的有机整体。这种断裂使得优质的生态资源难以顺畅转化为具有市场竞争力的商品，更难以实现生态产品价值的最大化。生产端的粗放与标准缺失导致产品质量不稳，加工端的薄弱使得价值提升受阻，销售端的闭塞则让产品难以触达更广阔的市场并获得合理溢价，各环节的短板相互叠加，形成恶性循环，成为横亘在绿水青山与金山银山之间一道难以逾越的鸿沟。

生产端标准化不足。生态渔业方面，养殖环节缺乏科学的密度管控体系和完善的水质实时监测机制，导致养殖风险高，鱼类疫病发生率相对较高，影响产品质量与产量稳定性。富硒种植业则主要依赖农户的经验式管理，缺乏对土壤硒含量动态变化的精准监测与调控技术，未形成统一的种植技术规范和投入品管控标准，导致不同地块、不同批次产品的硒含量波动大，产品质量一致性差，难以满足市场对稳定品质的需求，制约了品牌建设和高端市场开拓。

加工端附加值低下。全县绿色食品精深加工能力相对薄弱，缺乏现代化、规模化的农产品加工产业园支撑。渔业加工基本停留在盐渍鱼、晒制鱼干等传统初级加工形态，技术含量较低，附加值有限，对市场波动的抵

御能力弱。竹木、油茶等富硒农产品的精深加工企业规模不大，无法对原材料进行有效转化和升级，导致大部分资源以原始或初加工形态低价流出，产业链的增值环节严重缺失。

销售端市场化运作低效。生态产品的销售渠道较为狭窄和传统。在2014年之前，电商销售渠道基本为零，产品高度依赖本地农贸市场进行零售，市场半径小，价格易受挤压。物流短板尤为突出，以“万安湖”生态鱼为例，由于缺乏完善的冷链物流体系，鲜活水产品在向外运输过程中损耗率高，不仅造成经济损失，更严重限制了产品向省外中高端市场拓展的空间。此外，还存在市场信息不对称、品牌营销能力弱等突出问题，未能建立起有效的产销对接机制和稳定的外销渠道。

三、机制保障缺位：制度与金融双重约束

由于缺乏市场化、规模化发展的基础性制度和金融保障体系支撑，万安县生态产品价值实现进展相对缓慢。产权明晰是市场交易的前提，融资渠道畅通是产业壮大的血脉，而权威的标准和响亮的品牌则是产品赢得市场的通行证。然而，在这些关键的制度与金融领域，万安面临着基础薄弱、路径不畅、支撑乏力的困境。产权不明晰阻碍了资源的盘活和流转，金融服务的缺失掐断了产业升级的血脉，品牌与标准的空白则让优质产品难以在市场上脱颖而出、实现溢价。制度与金融的双重约束，如同沉重的枷锁，束缚了生态价值转化的手脚，成为“绿水青山”难以真正变为“金山银山”的核心掣肘。

产权制度模糊。湿地、森林等核心生态资源的产权登记确权工作滞后，权属关系不够清晰。万安湖国家湿地公园范围内有约14.58万亩湿地资源未能建立系统、动态的资源资产台账，其生态价值底数不清、权责不明。这使得依托清晰产权进行的生态补偿、水权交易、碳汇交易、排污权交易等市场化价值实现路径缺乏最基本的制度基础和交易前提，资源难以资本化。同时，集体林权流转程序不够规范透明，流转市场发育不成熟，林权

抵押融资存在诸多障碍，导致林业经营主体面临严重的融资难问题，制约了规模化、集约化经营。

绿色金融缺位。针对生态产业发展的专项金融支持亟待加强，生态资源转化为信贷资本的渠道不够畅通。一方面，生态鱼规模化养殖、油茶深加工等生态产业项目，缺乏符合银行传统信贷要求的固定资产作为抵押物。万安湖生态鱼养殖项目因无法提供足值抵押品而难以获得银行贷款支持，导致其规模化养殖率维持在较低水平。另一方面，林权、水域滩涂养殖权、富硒农产品未来收益权等权益的质押融资机制尚未有效建立或运作不畅，公益林管护、富硒基地建设等具有生态和经济双重效益的项目难以获得必要的启动和发展资金，严重制约了产业升级和技术改造。

生态品牌与标准缺失。缺乏具有公信力和影响力的区域性生态产品公用品牌，难以形成品牌聚合效应和市场号召力。"万安鱼头""万安富硒大米"等具有地域特色的产品，在 2017 年前未能制定并推行统一、权威的质量等级标准、生产加工规范和安全追溯体系，导致产品质量参差不齐，消费者信任度不高，市场认可度低。同时，品牌推广力度严重不足，在 2017 年之前几乎未曾组织参与全国性的农业展会或进行有计划的品牌宣传活动，导致"万安生态"的整体形象和特色产品在全国市场的曝光度几近于无，品牌溢价能力极其微弱，优质产品难以卖出优价。

如何让"生态颜值"变"经济价值"？万安困境的本质是生态产品从"资源属性"向"商品属性"转化的全链条断裂。资源端缺乏科学规划与产权清晰化，导致生态产品"底数不清、主体不明"；产业端生产、加工、销售各环节技术与资金投入不足，难以形成规模效应；制度端生态产品价值核算、交易机制、金融支持等制度创新滞后，市场化路径受阻。破解这一困境，亟须以新发展理念为引领，重构生态保护与经济发展的共生逻辑，而这正是万安后续通过国家政策扶持、产业转型与制度创新实现"两山"转化的起点。

第三节　绿色发展理念指引破局探索

作为国家生态文明示范工程试点县，万安县早在20世纪90年代就探索生态渔业与公益林管护，形成水库养殖和山林守护的传统生态保护模式，但面对日益加大的经济发展压力，保护和发展的结构性矛盾日益凸显。面对困局，全县深入践行习近平生态文明思想，深化对新发展理念的认识，坚持系统观念，搞好顶层设计，深入实施生态立县战略，以系统化治理、数智化赋能、实体化转化、市场化运作、品牌化打造、多元化建设、战略化引领“七化”为抓手，全力探索绿色低碳的高质量、可持续发展新路。

一、新政策推动新实践

面对困局，万安县委、县政府深刻认识到，“绝不能守着一江清水，过得一世清贫”。既要感受山水，又要读懂山水，更要赋能山水。2014年，万安县成功跻身“国家主体功能区建设试点示范县”和“第二批全国生态文明工程试点县”行列；2019年又被列为国家重点生态功能区县，这一里程碑事件正式掀开了万安绿色发展的崭新篇章。与此同时，万安国家森林公园、万安湖国家湿地公园等一系列国家级自然保护地的获批，不仅提升了万安县的知名度，更为其绿色发展提供了强有力的政策保障。

在“绿水青山就是金山银山”的转化困局中，万安县以新发展理念为指引，依托国家政策支持与制度创新，逐步探索出一条生态保护与经济发展协同并进的路径。这一过程中，政策红利的释放、产业结构的优化与绿色金融的赋能，成为破解困局的核心动力。

一是在政策引领下进行生态治理与产业升级。自2014年国家林草局对口支援万安县以来，万安县通过“国家主体功能区建设试点示范县”“全国生态文明工程试点县”等政策定位，为全县绿色发展注入动能。2022年，赣江源区生态综合治理项目获中央资金2 595万元，完成造林4.3万亩，

图1–6　万安山间绿谷桃源

国土绿化试点示范项目同步推进，显著提升了区域生态承载力。在政策引导下，传统林业从"砍树卖木"转向"育林生金"，林业产业链向精深加工延伸，竹科技产业园引进竹业企业，填补了竹纤维薄膜等高附加值产品生产的空白。

二是林下经济与清洁能源双轮驱动，打造林业新质生产力。依托36.5万亩毛竹林和71.81%的森林覆盖率，万安县创新"林＋药""林＋菌""林＋养""林＋蜂"等复合经营模式，建设24个林下经济示范基地。在政策支持下，能源优势转化为经济优势，2024年绿色金融贷款余额达49.94亿元，其中清洁能源项目贷款12.58亿元。枧头镇龙头畲族村通过国有林场示范种植岗梅，亩均增收3 000元；韶口乡韶口村油茶基地套种中药材，形成国有林场、集体、农户的三方共赢机制。清洁能源领域则聚焦"水风光储"一体化，建成万安水电站（总装机功率53.3万千瓦）、高山嶂风电场（年减排二氧化碳 67.9 万吨）及韶口渔光互补光伏项目（年均发电 1.1 亿千瓦时），清洁能源装机功率总量超 100 万千瓦，成为全省最大的清洁能源基地。

三是推动绿色金融赋能资源转化。万安县陆续推出“公益林收益权质押”“富硒贷”等金融产品，盘活生态资源资产。通过“湿地银行”机制完成湿地占补平衡指标交易 8 笔，总金额 911.55 万元；公益林质押贷款授信 2.9 亿元，支持林业经营主体发展。针对富硒产业，创新“VEP+ 生态鱼项目贷”等产品，累计发放“富硒贷”2.31 亿元，覆盖 1 425 户农户，助力富晶果业等基地实现规模化经营。金融服务的下沉亦显著提升了基层活力，设立偏远乡镇创业贷款窗口，为产业带覆盖的农户授信 3 亿元，发放贷款 6 500 万元，推动“金融 + 龙头企业 + 农户”“金融 + 合作社 + 农户”的联动。

四是生态保护与民生增收并重。政策设计中注重平衡生态保护与民生诉求。沙坪镇佩溪村渔民转型生态护林员，5 231 名脱贫人口通过护林岗位年均增收 1 万元，既巩固了脱贫成果，又强化了森林管护。竹编工艺培训等项目带动 300 余名农户就业，竹编画等产品形成品牌效应，实现“家门口创收”。此外，湿地公园、森林康养基地等生态旅游项目年吸引游客超 150 万人次，推动“美丽经济”与生态保护深度融合。

图1–7　竹编工艺

图1-8 赣江最美岸线

五是生态旅游品牌化突围。整合万安湖、心安湖双湖资源，打造“千里赣江最美岸线”旅游 IP，建成红豆杉养生谷、高岭宿集等景区，推出“巨网捕鱼观光”“渔家文化体验”等项目，年游客量突破 150 万人次，旅游收入增长 300%。创新红色走读模式，辅以生态研学，串联罗塘、枧头等地的红色资源，打造青少年研学基地，年接待研学团队超 20 万人次。

二、新路径促进新蝶变

在政策支持与创新探索的基础上，万安县积极推动生态产品价值的多元转化，通过产业融合、品牌打造和制度创新，将生态优势转化为经济优势，促进生态保护与经济发展的良性互动。

水体治理激活“蓝色经济”。曾因工业污染沦为“臭水塘”的十八口塘，通过清淤截污、生态修复和业态植入等三重改造，摇身一变成为“万安马尔代夫”。以生态修复打底，拆除沿岸违规养殖场 32 家，清淤 3.2 万立方米，种植芦苇、睡莲等水生植物 200 亩，搭建“水下森林 + 水生动物”生态系统，水质从劣Ⅴ类提升至Ⅲ类。其次是产业融合塑形，建配套渔家民宿 20 栋，开发“全鱼宴”特色餐饮，年接待游客 10 万人次，旅游收入超 800 万元。2023 年村集体增收 50 万元，农户年均分红超 2 万元，实现了价值循环增效。

“双湖三园”构建生态产业矩阵。万安湖实施“大水面生态养殖 + 渔旅融合”工程，投放鲢、鳙鱼苗 4000 万尾，采用“人放天养”模式净化水质，年产生态鱼 200 万斤，推出“全鱼宴”餐饮品牌，年销售额破亿元；心安湖依托井冈山航电枢纽形成的静态水面，建设水上运动中心，举办全国龙舟赛、皮划艇赛等赛事，衍生“龙舟市集”“夜市观光”等业态，年吸引赛事观众及游客超 30 万人次。恒安公园定位“城市绿肺”，植入科普教育

图1-9 十八口塘摇身一变成为“万安马尔代夫”

图1-10　万安国家森林公园

功能，年接待研学团队 5 万人次，成为生态文化传播窗口；德清公园以"富硒康养"为主题，种植富硒果树 100 亩，年接待康养客群 8 万人次，带动周边富硒农产品销售增长 40%；心安公园聚焦"低碳示范"，铺设光伏步道、智能分类垃圾桶，引入新能源观光车，成为赣江流域首个零碳公园，年碳汇交易量达 5000 吨。

从"守着绿水青山受穷"到"造好金山银山富民"，万安实践证明，生态产业不是"赔本买卖"，而是通过治理升级、业态创新、价值转化，能够实现生态美与百姓富的双向奔赴，为赣江中游生态经济带建设提供了"产业兴链"的县域样本。

三、新理念引领新变革

理念是行动的先导，发展理念从根本上决定着发展方式和成效。面对"守绿难富"的深层矛盾，万安深刻认识到，深入贯彻实施新发展理念是顺应国家生态文明建设大潮的必然选择，更是立足县域生态禀赋、突破发展瓶颈的关键路径。积极策应江西国家生态文明试验区建设与吉安打造赣江中游生态经济带的战略部署，以高度的政治自觉和行动自觉，开启了从理念重塑（再认识）、战略锚定（再谋划）到路径创新（再出发）的全面探索，致力于将丰厚的“生态颜值”高效转化为惠及万民的“经济价值”。

1. 再认识：新发展理念引领 筑牢生态价值转化支点

党的十八大报告提出“五位一体”总体布局，将生态文明建设作为治国理政的国家战略；党的十八届五中全会提出绿色发展理念，标志着绿色发展进入全面推进的新阶段。新发展理念作为科学指引和根本遵循，深刻揭示了化解我国生态经济基本矛盾的内在逻辑，为新时代生态文明建设提供了强大思想武器和行动指南。将新发展理念融入生态文明建设全过程，是立足国情、顺应时代、破解生态经济深层矛盾、实现人与自然和谐共生的必然选择和战略抉择，标志着我国生态文明建设进入以新发展理念为引领、协同推进高质量发展的新阶段。

2014 年 7 月，江西成为全国 5 个全境入选国家首批生态文明先行示范区的省份之一。2016 年 8 月，江西纳入首批国家生态文明试验区，全省生态文明建设站在了更高的平台上。万安县紧紧围绕省、市各项决策部署，积极策应江西建设国家生态文明试验区和吉安市打造赣江中游生态经济带战略，深入推进生态文明示范区建设。2017 年 2 月 28 日在万安县第十六届人民代表大会第二次会议上，县委、县政府充分认识到要立足实际，从自身优势出发，找准定位、找对出路、创出特色，谋划制定了未来几年发展的核心思路：大力推进生态文明建设。厚植生态环境优势，大力推进山水林田湖生态修复工程，加强林地和湿地生态保护，加大国家重点生态功能区项目建设力度，启动万安湖国家湿地公园试点建设，确保生态环境质量不断优化。积极开展生态创建工作，力争成功创建省级生态文明示范县。强化生态制度保障，出台《万安县 2019 年国家重点生态功能区县域生态环境质量监测评价与考核工作实施方案》，制定生态环境负面清单。全面

图1-11　富硒稻田

推行"河长制"，组建水质污染整治综合执法大队，让蓝天永驻、青山常在、绿水长流。抓好农业供给侧结构性改革，实施绿色生态农业"十大行动"，打造富硒及绿色、有机农产品示范片区，唱响"富硒"品牌。2017 年 12 月，中共吉安市委四届四次全体会议深化"三个走在前列"战略，构建吉泰走廊核心增长极，打造赣江中游生态经济带，中心城区锚定"电子信息产业高地、赣江山水宜居名城"双定位，建设全省电子信息产业核心基地（产能占全省 30%）和滨江生态园林城市，县域板块强化"生态屏障功能与特色产业协同"，明确万安县等沿江县域重点承担"水源涵养、绿色能源、生态产品供给"节点职能，形成"一江两岸"绿色发展示范带。

党的二十大对新时代新征程推进美丽中国建设、促进人与自然和谐共生作出战略部署，对生态文明建设和生态环境保护工作提出了新的更高要求。万安作为赣江入吉第一县，坚决落实省市党代会提出的打造赣江中游生态经济带的战略部署，结合发展基础、产业特色、生态禀赋、新经济业态等比较优势，坚持经济生态化与生态经济化相结合，聚焦生态全域修复、扩城强镇、新兴工业、特色农业、山水旅游、清洁能源、立体交通等重点领域，谋划实施赣江两岸河堤防护、中小河流系统治理、山塘水库绿色标准化改造、绿色矿山修复、废旧物资循环利用、餐厨垃圾处理等一批生态经济带重大项目，促进“要素跟着项目走”，切实加快人流、物流、资金流以及信息流交换汇集，奋力建设赣江中游生态经济带的“桥头堡”。《万安县国民经济和社会发展第十四个五年规划和二〇三五年远景目标纲要》提出，生态优势更加凸显，绿色生产方式和生活方式加快形成，绿水青山向金山银山的转化通道有效拓展，绿色发展水平进一步提高。

立足现实，万安县把握机遇，聚焦“走在前、勇争先、善作为”目标要求，全力打好“两山”转化突破攻坚战，创新两山公司实体化运营机制，不断建立健全生态产品价值实现机制，推进生态产业化、产业生态化，努力拓宽“两山”转化通道，驱动生态优势转化为发展胜势。

2. 再谋划：锚定省级战略坐标 融入生态兴县方略

江西省第十五次党代会和省政府工作报告明确提出“推动吉安依托吉泰走廊，打造赣江中游生态经济带”，吉安市第五次党代会进一步将其确立为重大发展战略。万安县明确将自身定位为赣江中游生态经济带重要节点，在县域国土空间发展格局中，赣江作为核心生态保护带的战略地位更加凸显。面对新时代赋予的使命，县委、县政府深刻认识到，必须超越传统的、碎片化的生态保护思维，以系统观念进行全局性、长远性谋划，以战略思维统筹生态与发展，将生态兴县纳入县域发展核心战略。2021 年，县第十四次代表大会明确“工业强县、文旅旺县、生态兴县、交通活县、平安稳县”五大主战略，把生态建设作为推动高质量发展的核心引擎。近年来，全县深入实施生态兴县战略，巩固污染防治攻坚成果，厚植绿色发展底蕴，拓展“两山”转化通道，不断擦亮生态底色。

万安立足赣江中游生态经济带节点功能，锚定生态兴县战略，全力打造三大高地。一是打造江西省绿色能源产业和电子信息产业基地。打造绿色能源基地，充分利用丰富的水能、光能、风能资源，统筹推进万安水电

图1-12　文旅开发绘美景

站增效扩容、高山嶂风电场、渔光互补光伏、生物质发电等项目建设，构建"水电、风电、光电、生物电"多元互补、清洁高效的能源体系，为生态经济带提供坚实的绿色能源支撑。打造电子信息产业基地，坚持首位产业定位，依托良好的生态本底吸引高端要素，重点发展智能声学、触控显示、电子电路板、PCBA 等细分产业集群，推动电子信息产业向绿色化、高端化、智能化发展，形成与生态保护相协调的现代工业体系。二是打造赣江中游生态经济带重要节点。一方面，打造生态屏障核心，强化国家主体功能区建设试点示范县、国家重点生态功能区建设，严守生态保护红线，系统推进山水林田湖草沙一体化保护和修复，筑牢赣江中游生态安全屏障。另一方面，打造"两山"转化样板，深入践行绿水青山就是金山银山理念，以"七化"（系统化治理、数智化赋能、实体化转化、市场化运作、品牌化打造、多元化建设、战略化引领）为路径，积极探索生态产品价值实现的多样化模式（如湿地占补平衡、碳汇交易、VEP 核算应用），将生态资源转化为生态资产、生态资本，形成生态导向的现代产业体系（生态渔业、富硒农业、林下经济、生态旅游等），打造生态经济带上的绿色发展高地。三是打造山水文化园林城市。打造城景融合典范，依托"一江（赣江）两湖（万安湖、心安湖）两江（赣江、遂川江）"的独特山水格局，科学规划城市空间，将万安湖风景游览区、城区公园广场湿地绿斑、滨江景观带有机串联，严格保护自然山体轮廓线，塑造"四面环山、山水相映、蓝绿交织、文脉传承"的独特城市风貌。打造宜居宜游胜地，深度挖掘红色、古色、绿色文化资源，完善城市基础设施和公共服务，提升城市管理精细化水平，营造高品质人居环境，吸引人才集聚，发展文旅康养产业，建成令人向往的赣江明珠。

新时代生态文明建设工作的核心抓手，正是生态兴县战略的全面落实。首先，要强化顶层设计与制度保障，将省、市打造赣江中游生态经济带的要求深度融入国土空间、产业发展等各项规划，完善生态产品价值实现、生态补偿、绿色金融等制度体系，为战略实施提供政策支撑。其次，要筑牢生态本底，持续加强万安湖国家湿地公园、水源涵养林、生物多样性保

图1-13 赣江（万安段）景观

护地等关键生态空间的保护和修复，确保赣江水质稳定达标，提升生态系统质量和稳定性，夯实生态经济发展的根基。要推动产业生态化与生态产业化，一方面，引导绿色能源、电子信息等产业向绿色低碳转型；另一方面,大力发展以生态产品价值实现为核心的生态经济（富硒产业、生态渔业、林下经济、生态旅游、康养休闲），延伸产业链，提升价值链。与此同时，要深化“七化”协同推进，运用系统化治理理念统筹资源保护与开发；通过数智化赋能精准度量生态价值、优化管理决策;依托实体化运营平台（如两山公司）推动资源高效转化；借助市场化运作机制激活要素流动；实施品牌化战略提升生态产品溢价；依靠多元化建设保障长效机制；突出战略化引领塑造万安生态 IP。最终，是要建设人与自然和谐共生的美丽家园。

通过这一系统性谋划，让生态红利普惠全民，实现“生态美、产业兴、百姓富”有机统一。万安以节点担当践行生态文明,以生态兴县战略为引领,奋力书写新时代生态文明建设的“万安篇章”。

3. 再出发：“七化”集群成链 创新生态价值转化范式

生态产品价值实现是践行"两山"理念的关键所在。万安县全力打好"两山"转化突破攻坚战，坚持系统观念，强化顶层设计与战略谋划，以"七化"协同体系为核心抓手，系统破解生态价值转化全链条障碍。

系统化治理夯实绿色生态本底，实现生态产品价值保值。生态是统一的自然系统，是相互依存、紧密联系的有机链条。万安县从系统和全局角度出发，统筹山水林田湖草沙综合治理、系统治理、源头治理，切实保护好水、森林、湿地等重要生态资源。整合公安、生态环境、水利、自然资源等部门的执法力量，建立"生态卫士"综合执法机制，推动"各管各"向"一起管"转变，一体推进生态环境保护。

数智化赋能提升运营效能，实现生态产品价值增效。运用人工智能、大数据、物联网等新一代信息技术深化生态产品市场化改革，有利于提升生态产品价值转化效率。万安县以数智化技术为核心驱动力，搭建"两山"数据运营智慧平台，整合生态资源数据，推动生态产品在线展示与交易，拓宽销售渠道，实现生态产品价值的有效转化。同时，创新建立湿地资源运营中心，通过数字化手段对湿地生态指标进行精准监测与量化评估，积极探索湿地"占补平衡"交易机制。

市场化运作激活资源活力，促进生态产品价值转化。构建高效的市场机制，能够将生态系统服务转化为可量化、可交易、可增值的商品与资产。为打破大量优质生态资源处于"养在深闺人未识"的沉睡状态，万安县通过制度创新、技术赋能与模式优化，构建具有万安特色的生态产品市场化运作体系。深挖生态资源优势，通过市场化运作，做精生态鱼产业、做大富硒产业、做优竹木产业、做活文旅产业，促进特色资源的高效利用与价值转化。

实体化转化推动价值落地，打通生态产品价值转化通道。生态价值的最终兑现，关键在于将无形的生态优势转化为可交易、可交付的实体形态。万安县着力破解"变现难"问题，搭建生态价值转化实体运作平台，盘活沉睡的生态资源，构建起"政府主导、市场运作、全民共享"的生态产品价值实现机制，依托两山公司对碎片化生态资源进行规模化收储、专业化整合、市场化运作，打通生态产品从“资源”到“资产”再到“资金”的实体通道。

品牌化打造提升溢价能力，促进生态产品价值增值。生态产品的价值取决于生态产品的质量而非数量，通过整体规划和统筹协调，大力塑造生态品牌，能够有效提升生态产品的质量，并提高产品价格。万安县直面资源零散难统筹、品牌弱势缺溢价、产业低效难增收等发展瓶颈，立足自身资源禀赋，打造特色鲜明的生态产品品牌，提升生态产品溢价能力。

多元化协同保障机制为生态产品价值实现提供保障。健全生态产品价值实现保障机制是价值实现的重要支撑，聚焦资源“沉睡”、价值难变现、保护与发展失衡等问题，万安县通过金融赋能、机制创新与场景协同等多维发力，将生态资源优势转化为可持续发展动能，将生态资源的隐性价值转化为高质量发展的显性动能。

战略化引领驱动提质增效，为生态产品价值高效转化与多维彰显提供核心引擎。立足独特的资源禀赋与地域文化，万安县通过深度挖掘独特价值与塑造差异优势的双轮驱动，将生态比较优势转化为核心竞争力，全面释放生态资源的高质量发展动能，打通生态红利实现通道，推动从“生态佳”迈向“生态 +”。

第二章

系统化治山理水　扩大优质生态产品供给

习近平总书记关于山水林田湖草沙是生命共同体的科学论断，深刻揭示了自然生态系统的内在联系与整体性特征。生态环境是一个相互关联、相互影响的复杂整体，山水林田湖草沙各个要素紧密相连，牵一发而动全身。万安县坚持问题导向和系统观念，以改善生态环境质量、提升生态系统服务功能为目标，推进河湖“一湖一策”、跨域协同治理；实施土地归集、科技赋能发展富硒产业；通过林地整合、林下空间开发及竹产业全链条发展等，实现生态保护与经济发展双赢，绘就一幅人与自然和谐共生的美丽画卷，为全县乃至更大区域的生态安全筑牢坚实根基，让绿色成为万安高质量发展的鲜明底色。

第一节　河湖治理筑屏障　系统施策守碧水

作为生态系统的关键脉络，河湖的治理成效不仅关乎水环境质量与生物多样性保护，更是区域可持续发展的重要基石。万安县聚焦“一湖一策”精准治理、跨域跨部门协同联动、公园生态示范建设等三大关键路径，在河湖治理领域书写了浓墨重彩的篇章。万安的成功实践，为全国河湖生态保护与经济协同发展贡献出宝贵的经验，生动诠释了生态优先、绿色发展的时代内涵。

一、一湖一策：精准破解河湖治理困局

在生态文明建设的时代浪潮下，万安县紧跟国家战略步伐，积极响应绿色发展号召，将河湖治理提升至县域发展的关键战略高度，深刻认识到境内湖泊资源对于生态平衡、经济发展以及民生福祉的重大意义，以高瞻远瞩的视角，全面统筹、精准施策，制定并推进“一湖一策”治理政策，全力奏响河湖治理的奋进乐章。同时深入实施河湖长制，建立县、乡、村三级河湖长联动责任体系，落实152名河湖长，创新推行“双河湖长制”，聘请乡贤能人担任“民间河湖长”“企业河湖长”，充分调动社会力量参与河湖治理，为“一湖一策”落地见效筑牢责任根基。

1. 万安湖：流域统筹，构建防洪生态双防线

作为赣江中游的重要枢纽，万安湖面临着双重生态压力。一方面，密集的航运活动和水利工程导致水体循环不畅；另一方面，周边矿山开采引发了水土流失及湖岸侵蚀问题。县级河湖长牵头成立由水利、生态环境、

图2-1　万安湖：一湖清水

自然资源等多部门组成的专项治理工作组，深入调研万安湖生态现状，依据"防洪—生态—经济"三位一体治理方案，制定详细的阶段性目标与任务清单。在岸线保护工程中，协调资金与技术力量，落实"格宾石笼＋植被缓冲带"的创新结构，不仅确保钢丝网箱加固堤岸工程按时完工，还组织专家团队筛选适合当地生长的耐水蚀植物，指导种植工作，形成天然过滤带拦截入湖污染物。

乡级河湖长充分发挥基层协调作用，积极与上下游水库管理单位沟通，建立定期水量调度会商机制，结合增殖放流滤食性鱼苗的时间节点，精准调控水量，有效激活水体自净能力。在矿山生态修复方面，"民间河湖长"利用熟悉当地情况的优势，每日巡查矿山修复现场，及时反馈施工进度与问题，督促施工单位严格按照生态修复方案重塑植被、稳固山体，从源头减少泥沙与污染物入湖。如今，万安湖碧波荡漾，鱼类资源显著增加，周边生态旅游产业蓬勃发展，成为赣江流域生态治理的标杆。

2. 心安湖：智慧赋能，打造新型生态综合体

位于县城核心区的心安湖，曾因城市开发饱受生活污水渗漏、景观缺失之苦。县级河湖长主持召开部门联席会议，协调住建、城管等部门，制

图2-2　最美心安湖沿线

定“截污—美化—智管”治理方案。在主导铺设截污管网工程时，要求施工单位采用先进的非开挖技术，最大限度减少对城市道路和居民生活的影响，并监督智慧水务平台的搭建，确保实现水质与管网运行的 24 小时实时监测。

乡级河湖长联合城建部门，邀请园林设计专家，精心规划滨水植物景观带，科学搭配垂柳、菖蒲等亲水植物，同时协调建设透水步道与生态停车场，践行海绵城市理念。村级河湖长积极配合引入太阳能曝气装置和微生物菌剂，组织志愿者定期清理湖面漂浮物，维护水体环境。“市民湖长”充分发挥群众力量，通过组建护湖志愿队，开展水质监测科普活动，参与日常管护，有效提升了市民的环保意识。如今的心安湖，湖水清澈见底，沿岸景观优美，成为生态与人文价值兼具的热门打卡地，不仅可供市民休闲娱乐、举办文化活动，还带动了周边商业的繁荣。

3. 中小河湖：全域覆盖，织密小微水体治理网

针对县域内星罗棋布、管理分散的中小湖泊，县河湖长办牵头组织专业测绘团队，运用卫星遥感和无人机巡查技术，建立“一湖一档”动态数据库，详细记录每个湖泊的地理位置、面积、水质状况、污染源等信息，

图2-3　一湖清水把翠来

为"网格化管理＋靶向整治"策略提供数据支撑。乡镇级河湖长根据数据库分析结果，划分治理网格，明确每个网格的责任单位与责任人，组织开展"清四乱"专项行动，通过张贴公告、入户宣传等方式，动员违规建筑所有者自行拆除，对拒不配合的依法依规进行强制拆除，清理湖面杂物数千吨。

村级河湖长负责落实"人工湿地＋生态浮岛"组合技术，在污染严重的湖泊周边，协调土地资源建设人工湿地，选择芦苇、睡莲等具有强净化能力的湿地植物，并监督生态浮岛的安装与维护。通过这些措施，利用湿地植物吸收能力和生物膜降解功能，有效净化了水质。同时，将湖泊治理成效纳入乡镇河湖长绩效考核，建立奖惩机制，配备专职管护员，实行每日巡查、每周报告制度，形成长效监管机制。如今，这些曾经脏乱差的中小湖泊已变身为乡村生态景观点，周边居民纷纷发展农家乐、民宿等产业，生活环境与经济收入实现双提升。

万安县"一湖一策"的河湖治理实践，成功破解了治水困局，实现了从生态治理到绿色产业发展的良性循环。其成功的关键在于因地制宜的科学规划、创新技术的高效应用、多方力量的协同参与以及长效机制的严格落实。通过精准施策，"一湖一策"既有效解决了不同湖泊的个性化难题，又促进了全域生态环境的整体提升。在现有成效的基础上，万安持续深化这一治理模式，不断巩固和拓展河湖治理成果，助推绿色产业升级，续写生态与经济协同发展的精彩篇章，为各地探索生态保护与经济发展双赢路径提供了清晰思路与实践路径。

二、协同治理："赣江动脉"激活绿色循环

赣江作为江西的"母亲河"，流经全省 80% 的土地，过去因上下游产业布局失衡、污染治理标准不一，曾出现"上游排污、下游治污"的困境。2020 年，江西出台《江西省流域综合管理暂行办法》，制定"流域统筹、区域协同、部门联动"的治理政策。万安县深入贯彻这一政策，以赣江流

域为空间单元，通过跨区域、跨部门的协同治理与产业联动，将赣江打造为生态保护与绿色经济融合发展的“主动脉”，推动全流域资源高效利用、环境质量提升和经济可持续增长。

1. 跨域协同，共保一江水

万安县与赣州市赣县区打破行政壁垒，签订了《赣县区—万安县交界地区河长制工作合作协议》，创新建立“友好协商、分工合作、互相支持、合力推动”以及“上游保护下游、下游积极主动”的跨区域协同治理机制，双方围绕赣江等跨界河流，构建起信息共享、联合巡查、问题共商的全链条治理体系。自合作开展以来，2023—2024 年累计开展联合巡河 4 次，通过无人机航拍、水质快速检测等技术手段，实现对交界水域的全方位动态监测，及时掌握水事情况，发现并解决河道侵占、漂浮物堆积等问题 68 项。双方联合查处非法采砂案件 12 起，扣押违法采砂船 8 艘、运输车辆 15 台，有效遏制非法采砂乱象，守护河道生态安全。同时，针对交界水域垃圾清

图2-4　跨界水域重现碧波荡漾

理难题，开展"净滩行动"专项整治，累计清理跨界水域垃圾 1.2 万吨，使得交界断面水质稳定达到地表水Ⅲ类标准，跨界水域重现碧波荡漾的生态美景。

2. 部门协同，强化监管执法

万安县整合农业、水利、公安等多部门力量，抽调 30 余名业务骨干组建综合执法队，与沿线乡镇形成"县—乡"两级联动机制，构建水岸一体的常态化巡查网络。在打击非法捕捞专项行动中，执法队运用"水上巡

图2-5　水岸一体的常态化巡查

查＋岸线蹲守＋智能监控"的立体执法模式，通过在重点水域安装红外摄像头、雷达监测系统，实现 24 小时不间断监控。以 2021 年为例，累计拆除网箱设施 1.37 万个、面积达 36 万平方米，拆除钓鱼棚 31 个、面积 0.24 万平方米，收缴各类非法捕鱼工具 2 480 余件，回收拆解涉渔"三无"船只 258 艘。一系列铁腕执法行动，使赣江万安段的渔业资源得到有效恢复，江豚、鲥鱼等珍稀物种重现踪迹，鱼类种群数量较治理前增长 40%，生物多样性保护水平显著提升，赣江万安段生态系统逐步恢复平衡。

3. 产业协同，释放绿色经济活力

万安县与江西绿色产业集团深度合作，在赣江万安段开展大水面生态

渔业发展项目，通过科学规划增殖放流区域，每年投放鲢、鳙等滤食性鱼苗超 500 万尾，采用“以渔抑藻”生态治理模式，有效控制藻类过度繁殖，水域浮游植物生物量下降 65%，水体透明度提高至 1.2 米，水质长期稳定保持在地表水Ⅱ类标准。在此基础上，当地延伸生态渔业产业链，建成现代化水产品加工基地，开发出鱼糜制品、风味鱼干等 20 余种深加工产品，年加工能力达 5 000 吨；依托优质水域资源，打造“万千美景 · 安迎天下”特色旅游品牌，推出垂钓体验、渔文化研学等旅游项目，年接待游客超 20 万人次，带动渔业产值从治理前的 1.2 亿元增长至治理后的 3.8 亿元，实现生态效益与经济效益双丰收。

在农业领域，万安县大力推广“稻渔综合种养”模式，通过“政府引导 + 企业带动 + 农户参与”的发展机制，建成 5 个规模化示范基地，总面积达 1.2 万亩。该模式实现“一水两用、一田双收”，水稻亩均产量提升 10%，水产品亩均收益增加 3 000 元，农田综合收益提高 50% 以上。更重要的是，通过稻鱼共生系统，减少化肥使用量 40%、农药使用量 30%，有效降低了农业面源污染，形成了“以渔促稻、稻渔双赢”的绿色农业发展新格局，为赣江流域生态保护与经济发展协同共进提供了生动范例。

图2-6　万安县渔业养殖

在赣江流域协同治理的实践中，万安县通过跨域协同打破行政壁垒，部门协同强化监管效能，产业协同释放绿色动能，成功探索出一条生态保护与经济发展双赢的新路径。实践表明，唯有立足流域整体，统筹各方资源，凝聚治理合力，才能实现生态环境质量的持续改善与经济社会的高质量发展，为其他流域协同治理提供可复制、可推广的"万安经验"。

三、碧水焕新："水生态治理"谱写绿色新篇

在赣江中游的生态版图上，万安县以水域治理为核心，将万安公园、心安公园、德清公园打造成"治水兴城"的样板。依托赣江及其支流的水域生态修复，三大公园不仅破解了"工业废水直排、养殖污染泛滥、岸线生态退化"的历史难题，更探索出"以水定城、以水兴业、以水惠民"的治理新路径。从万安湖湿地的水质提升、心安湖片区的岸线重塑，到德清公园的滨水空间活化与全域水系的生态串联，万安县正通过水域治理的系统性变革，奋力书写着生态文明建设的"万安答卷"。

1. 万安公园：湿地修复重构水域生态基底

万安公园以万安湖国家湿地公园为主体，曾因网箱养殖过度导致赣江支流水质恶化，氨氮、总磷指标一度超标。为扭转局面，万安县以"退养还湿、水系连通、生物涵养"为抓手，实施"拆、清、修、护"组合拳：拆除网

图2–7　万安公园风景

箱 5 621 个、面积 14.97 万平方米，清理河道废弃船舶 8 艘、沿岸养殖场 117 处；投入 1 300 万元清理松材线虫病疫木，种植红枫、湿地松等景观 1.2 万亩，使库区森林覆盖率提升至 74.5%；引入智慧湿地管理系统，通过 24 小时水质监测、生物多样性数据库建设，实现从“被动治污”到“主动保护生态”的转变。

如今的万安公园，湿地植被覆盖率从 38% 提升至 65%，中华秋沙鸭、白琵鹭等珍稀水鸟种群数量年均增长 20%，水质稳定达到地表水Ⅲ类标准。公园创新“生态 + 科普”模式，建设湿地宣教中心，年接待研学团队超 3 万人次，成为赣江流域湿地治理的“活教材”。

2. 心安公园：岸线整治激活城乡滨水空间

位于五丰镇的心安公园曾面临“乱搭乱建侵占岸线、生活污水直排河道、码头废弃资源闲置”的困境。为破解这一困境，万安县推行“3+2+N”治理模式：镇村组三级干部包干负责，以心安公园建设与疏港公路改造为双引擎，通过屋场会、乡贤议事会等多元参与机制，拆除危旧房屋 63 处、铁皮棚 2 100 平方米，清理河道垃圾 1 200 余吨；建设生态护坡 1.5 公里、污水管网 3.2 公里，复原古码头文化景观，打造“滨水步道 + 垂钓平台 + 民俗广场”的复合空间。

治理后的心安公园，不仅实现了“污水不入河、垃圾不落地”，更将赣江航运文化与现代休闲功能融合，沿岸设置万安鱼头美食区、富硒农产品展销点，带动周边村民年增收超 800 万元。村民由“旁观者”变“参与者”，自发成立护河队，形成“治水、护水、亲水”的全民共治格局。

3. 德清公园：水城融合打造生态经济样板

德清公园地处县城新区赣江岸线，曾是工业废水排放集中区，岸线生态功能退化。为改变这一状况，万安县投资 1.2 亿元实施“防洪 + 生态 + 产业”三位一体工程：修建生态护坡 2.8 公里，种植水生植物 30 万株，构建“挺水植物—浮叶植物—沉水植物”的立体水生态系统；沿湖打造 10 公里健身绿道、5 处观景平台，串联工业遗址改造的美食街、主题民宿，形成“生态景观带＋商业活力带"。

公园创新"水域治理＋业态导入"模式，盘活沿岸闲置厂房 1.5 万平方米，引入文创、康养等绿色产业，年客流量突破 50 万人次，带动周边土地溢价率达 30%。如今的德清公园，既是市民晨练夜跑的"城市绿带"，也是展示万安"水经济"的窗口，成为"绿水青山"向"金山银山"转化的典型案例。

万安县以万安公园、心安公园、德清公园为水域治理核心载体，立足赣江中游生态基底，精准施策破解工业污染、岸线退化等历史顽疾，创新实践"以水定城、以水兴业、以水惠民"发展理念。通过"退养还湿＋智慧监测"重塑万安公园湿地生态，实现水质达标与生物多样性跃升；以"3+2+N"治理模式激活心安公园滨水空间，推动环境整治与文旅经济深度融合;凭借"防洪生态＋产业导入"工程,将德清公园打造成水城融合样板，实现生态价值高效转化。三大公园的成功实践，不仅构建起水域生态修复、空间活化利用、民生经济共赢的治理体系，更探索出一条生态保护与城市发展协同共进的新路径。

第二节　闲田荒地变沃土　构建富硒新生态

万安县是全国首个富硒农业示范县，拥有得天独厚的资源禀赋：富硒土壤面积大、分布广，富硒产业品种多、基础扎实。近年来，万安立足本地特色资源，推动乡村产业发展壮大，全面打造"硒望万安"。针对解决土地碎片化、耕作方式落后等问题，促进富硒土壤资源的有效开发利用，打好土地归集破题、科技赋能提质和生态修复筑基组合拳，唤醒沉睡的土地，将闲田荒地变为沃土良田，奋力书写富硒土壤孕育希望的生动实践。

一、土地归集，破解碎片化难题

作为农业生产的基础，土地资源的合理配置和高效利用是推动农业现代化、实现乡村振兴的关键所在。然而，土地碎片化问题不仅增加了农业生产成本、降低了农业生产效率，更制约了农业向规模化、专业化、标准化发展的步伐。因此，破解土地碎片化难题，关键在于通过土地流转与集中连片整治，实现土地资源的归集与集约化经营，这不仅是提升土地利用效能的有效途径，更是推动农业现代化发展的必由之路。

万安县高度重视土地归集工作，出台了一系列政策措施，鼓励和支持农户将分散、闲置的土地流转给种植大户或合作社，实现土地的集中连片经营。截至2024年年底，全县累计完成土地流转面积25.6万亩，涉及农户3.8万户，土地流转率达到了51.2%。为突破农村产业发展散弱低效、利益截留、要素短缺等瓶颈，聚焦产业共富、发展共享，持续推进村集体、农户、企业“三方得利”共富模式，推动农户由种养户向致富带头人转变、村集体经济由政策型收入向产业型增收转变、企业由小弱散向龙头企业转变，走出了一条党支部引领、企业主导、农户参与的乡村振兴新路子。

1. 推行“三种类型”，探索“村集体得利”新路径

万安坚持因地制宜，积极探索符合新型农村集体经济发展特点的多种发展模式，盘活存量资源，激活集体经济。

图2-8 有机茶叶采摘基地

一是推行低效田林地特色增效型。针对全县 20 万余亩冷浆田、抬田地、沙壤地、疫木林等低效失管的田林地，按照"宜林则林、宜果则果、宜蔬则蔬"原则，引入当地龙头企业开展地力提升改造和基础设施建设，转型发展富硒蔬果、有机茶叶、高产油茶等特色产业，推动集体增收、农民致富。窑头镇通津村对沿江滩涂地进行统一整治和沙改土治理后，引入福建客商建立千亩富硒蔬果产业基地，获批大湾区"菜篮子"生产基地，实现"荒滩变绿园"。

二是推行高标准农田规模发展型。针对高标准农田存量大、增量多的特点，由村集体统一集中收储，以"村集体介入服务 + 农户流转土地 + 企业经营产业"的形式，推动 28 万亩存量高标准农田集中规模化流转和产业化经营，建成 25 个千亩标准化水稻产业基地，打造了 1 条万亩富硒水稻产业示范带，实现高标准农田由无序利用向集中高效利用转型。芙蓉镇龙溪村以整村推进高标准农田建设为契机，集中流转农户 2 000 余亩耕地，引入当地龙头企业禾天下发展富硒水稻种植，村集体年均增收近 10 万元。

三是推行村级产业基地盘活型。针对脱贫攻坚时期由村集体发展的产业基地小而散、效益低等问题，引入龙头企业或种养大户，以承包经营、联合经营、托管经营等模式，推动 140 个村级产业基地引入市场主体进行盘活利用，让沉睡资产得以唤醒。枧头镇茅坪村将规模不大且分散的

图2–9　万安县窑头镇坪头村高标准农田

村级脐橙产业基地打包招商，引进公司或种养大户联合经营，双方各占股50%，实现利益共享、风险共担，村集体年均增收7.5万元以上。

2. 推行“三化机制”，探索“企业盈利”新模式

为探索推行企业“三化”增效模式，助力企业壮大盈利，万安坚持经营扩面、特色提质、营销赋能。

一是推行特色化打造。依托全国富硒示范县金字招牌，围绕打造富硒果、富硒稻、富硒茶、生态鱼等主导产业，大力实施富硒产业扩面提质增效工程，示范推广硒稻、硒果、硒茶、玻璃红鲤鱼等种养品种近10种，出台富硒产业基地奖补扶持办法，推动市场经营主体建成千亩富硒农产品标准化示范基地12个，打造万亩富硒产业示范带4条。

二是推行规模化发展。探索推行统一品种、统一技术、统一标准、统一品牌、统一销售、分户经营的“五统一分”经营模式。建立供种、用药、施肥、收购等统一服务机制。推动农业企业为农户提供专业化服务，并吸纳农户打造产业发展共同体，持续壮大产业经营规模。一江秋公司建成富硒水稻示范基地3万多亩，联结带动9个乡镇60多个村8 000余户农户种植富硒稻，年产优质大米5万余吨，产值超亿元。

三是推行品牌化营销。大力推行“公用品牌+企业品牌+产品品牌”模式，打造“万安硒橙”“万安硒稻”“万安优品”等区域公用品牌；注册“一江秋”“富晶”“万安湖”“井冈缘”“嫂子情”“和万安”“水口峰”“臻香情”等企业商标，完成富硒农产品认证28个。联正公司通过打响“井冈缘”硒柚品牌，与上海百联集团签订百万斤长期购销合同，产品批发单价由原来的3元/斤上涨至5.8元/斤。

3. 推行“五金模式”，探索“农户获利”新模式

以保障农户增收得利为“三方得利”的根本落脚点，万安通过模式创新扎实推进共富共享。

一是推行土地流转的“租金”模式。针对农户土地资源分散且效益低下等问题，积极探索“村级引导+企业带动+农户参与”方式，加大土地

图2-10 枧头蕉源富硒稻

规模流转，既让农户获得土地流转租金，又推动产业规模化发展。万安县龙溪村禾天下富硒稻产业基地，村委会以300元/亩租金流转土地2 000余亩，当地村民每年土地租金收入达60多万元。

二是推行入股分红的"股金"模式。通过创新土地资源激活机制，采取"企业出资+村集体入股+农户土地入股"的模式，引导农户以土地经营权入股参与产业基地建设，使其转变为股东，从而在产业发展壮大过程中持续获得股金收益。万安县的下石村禾润果业基地，以市级龙头企业禾润农业为带动，吸纳2个村集体和20户农户土地入股发展脐橙产业，其中农户在明确保底收益的同时，可年获取股权分红近27万元。

三是推行入园务工的"薪金"模式。针对土地流转后农民增收的问题，加大农技专业化培训力度，培训农民掌握用药、施肥、农机等现代农业技能，引导当地村民在产业基地务工获得"薪金"。全县各基地年吸纳务工农民3 000余人，每人每年可增收约5 000元。

四是推行自主经营的"现金"模式。采取"企业连片开发+农户自主分散发展"双向发力的方式，鼓励引导村民利用自家山场、闲置土地、房前屋后发展特色富民产业，并常态化组织农技小分队对农户分散开发的基地进行技术指导，提高产业效益，增加村民收入。万安县的窑头镇横塘村大力发展“一村一品”脐橙产业，种植面积达 1.4 万亩，每年户均脐橙收入 5 万元以上。

五是推行产业奖补的“奖金”模式。万安县出台《2023—2025 年现代农业产业发展奖补扶持试行办法》，整合用地、财税、金融等涉农奖补资源，设立 1.3 亿元产业扶持与风险补偿资金池。该资金重点支持产业设施建设、品牌创建、农业保险等领域，并通过以奖代补、以补代扶、贴息贷款等方式，为符合产业发展要求的村集体经济组织、企业、农户等经营主体提供普惠性资金和政策支持。

在土地流转过程中，万安县注重保护农民的合法权益，确保农民在土地流转中能够获得合理的收益。同时，还加大了对土地流转市场的监管力度，规范土地流转行为，防止土地流转过程中的非法行为和纠纷的发生。通过土地归集，成功破解了土地碎片化难题，实现了土地资源的规模化、集约化经营，不仅降低了农业生产成本，提高了农业生产效率，还为富硒产业的发展提供了广阔的空间。如今，万安县的富硒产业已经形成了集种植、加工、销售于一体的完整产业链，成为当地农民增收致富的新途径。以万安县富硒稻示范基地（枧头蕉源）为例，该基地通过土地流转，将周边农户的闲置土地集中起来，实现了规模化种植；采用先进的种植技术和管理模式，提高了稻米的产量和品质，并与加工企业合作，将富硒稻米加工成精米、糙米等多种产品，销往全国各地，既增加了农民的收入，也提高了万安县富硒稻米的知名度和美誉度。

土地归集是万安县推动农业现代化、实现乡村振兴的重要举措。通过土地流转和集中连片整治，成功破解了土地碎片化难题，实现了土地资源的规模化、集约化经营，为富硒产业的发展提供了广阔的空间，也为农民增收致富开辟了新的途径。

二、科技赋能，打造“硒望田野”

科技创新是推动农业发展的重要动力。在富硒土壤的开发利用中，科技赋能既能提高农产品的产量和品质，还可增强农产品的市场竞争力，促进农业产业的升级和转型。因此，加强与科研机构的合作，建立富硒土壤研发基地，培育和推广优质农作物品种，是打造“硒望田野”、推动富硒产业发展的重要途径。万安县位于江西省中部、赣江中游，拥有得天独厚的富硒土壤资源，江西省地质调查研究院数据显示，万安县富硒土壤面积达 528 平方公里，土壤硒含量平均值为 0.4~3.0 mg/kg，远超国家富硒土壤标准（0.4 mg/kg），其中高硒区（1.0 mg/kg）占比达 35%，为发展富硒农业奠定了坚实基础。万安县还编制了《万安县富硒产业发展规划（2016—2025 年）》，全力推进富硒产业发展，以富硒农产品基地建设为重点壮大产业规模，以富硒农产品加工为重点提高产业效益，以三产融合发展为重点丰富产业体系，以品牌创建为重点提高产业知名度。

1. 产学研协同创新平台建设

万安县坚持把发展新质生产力作为推进富硒产业发展的关键，大力推进产学研融合。江西省农业科学院万安富硒产业研究院、国家富硒农产品加工技术研发专业中心万安研发示范中心先后落地万安，国家现代农业科技示范展示基地和吉安市首个“双检测”实验室也顺利建成。万安县与中国农业大学、江西省农业科学院等合作，开展了富硒大米、富硒橙柚、富硒水产等产业技术研究。硒柚科技小院获批国家科协重点科技小院，富硒柑橘高产优质栽培技术研究与推广课题获农业农村部软科学研究成果一等奖，一批科研成果

图2-11　万安县硒柚科技小院荣誉墙

实现突破。

2. 富硒品种选育与标准化种植

为筑牢富硒水稻品质根基、保障产业稳定发展，万安县科学制定了《富硒水稻栽培技术规范》，这一标准化种植规程精准锁定了多项关键技术参数，如将土壤 pH 值严格调控在 5.5—6.5 的适宜区间，并采用浓度为 0.1% 的亚硒酸钠溶液作为硒肥进行喷施等。通过严格遵循该规程，万安县的水稻硒含量达标率超 95%，有力保障了富硒水稻的优异品质和稳定供应，更成为推动万安富硒水稻产业迈向规范化、标准化、高质量发展的核心引擎。

3. 深度应用智能农业技术

窑头镇富硒水稻种植基地通过新引进的“智慧农田”管理系统进行高效管理。数十台无人机穿梭于碧绿的稻浪之间，进行着“飞防”作业，农技人员则通过稻田旁安装的物联网传感器和智慧农业展示屏，实时接收土壤墒情、温湿度、病虫害等数据，以便调整管理策略。再配合田间加装的诱虫箱、灭蚊灯等技术设备，让防病和治虫双管齐下以提高产量。全县已引进三套智慧农田管理系统，实现了“智能化管理”全覆盖，并配备了 10

图2-12 富硒水稻收割场景

多支无人机专业飞防队伍，拥有各类无人机 90 多台，飞防覆盖面积 25 万亩，覆盖率达 92%，服务 2.8 万农户，可确保粮食稳产增收。万安县已建成富硒产业示范基地 56 个，其中百亩以上基地 37 个、千亩以上基地 21 个，富硒农业种植总面积达 14.55 万亩，集群化发展的富硒产业集群初步成型。2024 年以来，全县富硒农产品销售额达 3.2 亿元，其中，电商平台销售额突破 1.2 亿元，富硒产业已经成为带动农民增收的支柱产业之一。

三、生态修复，构建富硒沃土新生态

在我国农业现代化进程中，富硒土壤作为一种兼具生态价值与经济价值的稀缺资源，其合理开发与可持续利用成为破解生态保护与产业发展矛盾的关键。万安县地处罗霄山脉东麓，境内富硒土壤面积达 120 余万亩，占全县总面积的 13.7%，是典型的富硒资源富集区。近年来，万安以生态保护为基底，以科技创新为动力，构建起"修复—保护—利用—增值"的富硒产业发展闭环，在实现土壤生态功能修复的同时，培育出集种植、加工、文旅于一体的百亿级富硒产业集群，为全国富硒地区提供了可复制的生态农业发展模式。

1. 制度创新：构建生态保护与资源开发的政策支撑体系

生态保护的长效实施离不开制度框架的顶层设计。万安县以绿水青山就是金山银山理念为指引，搭建起"政府主导、市场运作、社会参与"的生态保护机制。2021 年成立的万安县两山集团作为核心运作平台，创新性地将分散的生态资源进行规模化收储，通过建立包含富硒土壤、森林碳汇、湿地指标等要素的生态产品数据库，实现了生态资源的数字化登记与市场化交易。2024 年，该集团成功达成吉安首笔湿地占补平衡指标交易，单亩交易额达 30 万元，开了生态资源资产化的先河。在资源管理层面，政府统筹整合财政资金 3 050 万元，聚焦富硒产业示范基地建设，累计建成 56 个规模化基地，其中百亩以上基地 37 个、千亩以上基地 21 个，形成总面积达 14.55 万亩的富硒产业核心区，为标准化生产奠定了空间基础。

政策扶持与标准体系建设同步推进，构建起产业发展的制度保障。《富硒农产品公用品牌管理办法》《现代农业产业发展奖补扶持暂行办法》等文件的出台，明确了对涉硒企业的品牌培育、技术创新、市场拓展等方面的支持措施。全县 13 家涉硒企业获得专项品牌推广支持，25 家企业的 49 个产品纳入“井冈山”公用品牌体系，借助区域公用品牌的溢价效应，富硒农产品附加值提升 25% 以上。在标准化建设领域，万安县联合江西省农科院、江西农业大学等科研机构，制定了富硒水稻、蜜柚、茶叶等主要农产品的生产技术标准，建立从土壤改良、种植管理到产品加工的全流程质量控制体系，并引入区块链技术实现产品溯源，确保“从田间到餐桌”的质量可追溯，有效提升了产品的市场信任度。

2. 技术驱动：构建多维度生态修复与产业赋能体系

针对部分区域因过度开发导致的土壤硒元素失衡、生态功能退化等问题，万安县构建了生物修复、化学调控与物理改良相结合的立体修复体系。在生物修复领域，推广富硒作物轮作模式，通过水稻与紫云英、油菜等绿肥作物轮作，既能提升土壤的有机质含量，又能促进硒元素的良性循环。

图2-13 万安县井冈蜜柚基地

研发应用有机硒肥精准施用技术，针对不同作物的硒需求特性，制定差异化的施肥方案。物理修复则以高标准农田建设为抓手，改造中低产田，配套建设灌溉排水、田间道路等基础设施，同步实施疫木清理改造工程，在山场发展富硒经果林，实现生态修复与产业布局的有机统一。

科技创新成为产业升级的核心引擎。万安县建立“政产学研用”深度融合机制，成立硒柚科技小院、富硒产业研究院等创新平台，聚焦硒元素富集机理、产品深加工技术等关键领域。在柑橘产业中，研发的柑橘硒富集技术已推广 3.17 万亩，使万安蜜柚的有机硒含量提升 30%，果肉硒含量稳定在 0.01~0.05 mg/kg 的黄金区间，符合国家富硒农产品标准。与江西农业大学合作制定的万安硒柚团体标准，从品种选育、种植管理到采后处理形成 12 项具体指标，成为全国首个柚子类富硒产品团体标准。在茶叶产业领域，5 126 亩富硒茶园应用生物强化技术，所产绿茶的硒含量较传统实现较大提升，开发的“万安硒茶”系列产品进入高端礼品市场，单价较普通茶叶显著提高。

3. 模式创新：构建生态友好型农业生产体系

万安县在经营创新、设施农业领域、种植制度优化和水产养殖转型四个方面积极探索出多种生态友好型农业发展模式，实现经济效益与环境效益的双赢。在经营创新上，“企业 + 基地 + 农户”的订单农业模式在富硒水稻种植中成效显著。芙蓉镇龙溪村通过与加工企业签订保价收购协议，发展富硒水稻 2 000 亩，农户每亩增收 300 元，企业因规模化采购降低成本 126 元 / 亩，形成“农户得利、企业降本、产业增效”的三方得利格局。在设施农业领域，全县设施蔬菜种植面积达 3 652 亩，建成粤港澳大湾区“菜篮子”生产基地，通过有机肥替代化肥、病虫害绿色防控等技术，使蔬菜农药残留检测合格率保持在 98% 以上，成为高端市场的优质供应源。在种植制度优化方面，积极推广稻—油—稻轮作、果茶间作等立体种植模式，有效提升土地利用率与生态稳定性。全县建成 18 个水稻机械化育秧中心，覆盖所有乡镇，全县农业生产机械化水平达 77.95%，较传统种植效率提升

40%。在水产养殖领域，大力引进陆基循环养殖模式，已发展生态鱼养殖4万亩，年产出180万公斤。该模式的核心在于其尾水净化处理系统，使养殖废水循环利用率达85%，从源头上解决了水产养殖污染。

万安实践表明，富硒土壤的开发利用必须坚守生态底线，通过制度创新破解资源价值实现难题，通过技术创新突破产业发展瓶颈，通过模式创新构建可持续生产体系，通过融合创新拓展产业增值空间。其核心经验在于通过建立生态资源产权制度，运用市场化手段实现富硒土壤生态价值的量化交易，这不仅为生态保护提供了持续动力，更成为推进三产融合发展的基础。以此为基础，以品牌建设为关键纽带，有效整合农业生产、加工与服务业，成功构建起贯穿全产业链的增值体系，显著拓展了富硒产业的增值空间。万安持续强化生态保护的法治保障，完善富硒资源开发的标准体系，加强数字技术在产业监管与市场拓展中的应用，推动富硒产业向高端化、绿色化、智能化迈进，让“硒望之地”真正成为乡村振兴的沃土。

第三节　林下点绿成金地　竹根锁壤固青山

习近平总书记在参加首都义务植树活动时深刻指出，“绿化祖国要扩绿、兴绿、护绿并举”，并强调“推动森林‘水库、钱库、粮库、碳库’更好联动”。这为我们指明了林业在统筹经济发展与生态保护、实现多重效益协同增效中的核心作用，践行这一科学理念，关键在于推进林地资源的合理整治与高效利用。2024年3月1日，一项具有里程碑意义的实践在万安县启幕：全国首部省级地方标准《林长制工作规范》（DB36/T1777—2023）正式实施，其启动仪式落地万安。这既是对万安县在林长制工作领域先行探索与取得显著成效的充分肯定，也标志着其成熟经验作为“样板”为全国深化林长制改革提供重要参考。万安县直面“碎片化”困局，以强有力的政策为引领，明确“15110”改革目标，全力破解林权历史遗留难题。创新整合路径，探索“场企村”联动等多元经营模式，搭建专业林地收储平台，有力推动分散林地集约化整合与资源优化配置。激活林下潜能，通过构建林下空间二次租赁机制等创新举措，充分盘活林地立体空间资源，为发挥森林"四库"功能、发展林下经济开辟了新通道。

一、林地整合：林地集约化整合破局

林地是林业生产的基础，林地资源的合理配置和高效利用是推动林业现代化、实现林业可持续发展的关键。林地碎片化不仅增加了林业生产成本，降低了林业生产效率，还制约了林业规模化、专业化、标准化的发展。通过林地流转和集约化经营，实现林地资源的归集和规模化经营，是破解林地碎片化难题、推动林业现代化建设的有效途径。

1. 政策引领，明确方向

万安县立足长远，从顶层设计破题，高瞻远瞩地提出了"15110"改革目标，为林地整合工作擘画了清晰的路线图。"1"——打造 1 条林业经济活力带，旨在整合沿线林地资源，形成产业集聚效应，有效带动区域经济发展。"5"——创新 5 项核心工作，着力构建湿地交易与修复体系、探

图2-14　林地整合

索联农带农强农“三方得利”模式、推动竹产业全链条发展、建设片区服务队、组建林事服务中心。这5项创新举措，从体制机制、产业模式、服务支撑等多个维度为林地整合及后续产业发展提供了创新思路和实施路径。“110”——锚定两项关键指标，即新增1万亩以上国群联营造林面积，省级公益林和天然林精准落界面积10万亩以上，明确了林地资源整合与保护的量化任务，确保改革成果可衡量、可落地。

为确保改革目标的顺利实现，万安召开了全县深化集体林权制度改革先行区试点县建设工作动员部署会，强调各乡镇要抽调精干力量充实林改专班，全面摸排林权纠纷情况，充分发挥“143+N”矛盾纠纷调解机制的作用，树牢法治思维、有解思维，做到矛盾不上交。同时，推进林业产业规模化经营，立足本地资源特点，发挥国有林场作用，创新林下经济经营模式，招引林业企业项目，构建一二三产融合发展格局。

2. 解决历史遗留问题，扫清整合障碍

林权历史遗留问题犹如一个绊脚石，严重阻碍着林地的集约化整合。万安县深知这一问题的严重性，积极整合自然资源局、林业局、各乡镇场、

图2-15　涧田乡林改

村干部等多方力量，成立专班深入基层，采取"从群众中自下而上找办法"和"从政策中自上而下找出路"相结合的方式，积极稳妥地逐步解决历史遗留问题。

自深化集体林权制度改革启动以来，涧田乡做出突出示范，迅速成立林改工作专班，全乡组建 9 个宣讲团分片包组深入农户家中宣讲林改政策，分管领导及驻村班子成员深入一线共计召开 28 次村小组会、屋场会听取群众意见，形成强大工作合力，完成晓东村、良富村集体林地延包工作，面积高达 10 218.98 亩。通过全面排查梳理，成功化解 63 个林权历史遗留问题，特别是针对涧田村插花山等复杂问题，组织接界山场的林农现场核实，明晰界址，从根本上解决林地确权问题，为涧田乡两山有限公司收储村集体资产，以及后续"场企村"三方共建模式的实施奠定了坚实基础。

3. 创新经营模式，实现多方共赢

在林地整合过程中，万安县不断创新经营模式，以实现国有林场、村集体和林农的多方共赢。其中，"国有林 + 两山公司 + 集体林"的"场企村"三方共建模式成效显著。

一场涉及涧田乡两山有限公司、涧田乡涧田村、五云林场三方关于 1 271 亩集体山场的流转签约仪式成功举办。通过这一模式，实现了国有林场技术、资金、管理优势，两山公司资源收储整合优势与乡村集体林地资源优势的有机结合。在利益分配上，充分考虑短期利益与长期利益的结合，先预付一定资金，后期采取分成模式，不仅盘活了村集体闲置的插花山场，实现了适度规模经营，还让"场企村"三方都能从中获利。涧田乡通过构建三方得利模式，新增了 3 个毛竹产业基地、2 个油茶产业基地，并发展了 200 亩林下经济，有效提升了森林质量，实现了林农收入的稳步增长。充分挖掘国有林场技术资源优势，联结国有林场、村集体和林农利益。五云林场建设的韶口乡韶口村 809 亩高产油茶基地，采取"林场 + 村集体 + 林农""三方得利"的经营模式，收益分成比例为 6∶1∶3，这种清晰合理的利益分配机制极大地激发了各方参与林地经营的积极性。

通过一系列行之有效的措施，成功破局林地粗放化经营的难题，实现了林地资源的优化配置、林业产业的规模化发展以及生态与经济的良性互动。其经验为其他地区推进林地改革和发展林业经济提供了宝贵的借鉴，也为实现“绿水青山就是金山银山”的美好愿景迈出了坚实的一步。

二、空间开发：构建林下空间二次租赁

在绿色发展的大背景下，林下经济作为林业产业的重要组成部分，成为万安县实现生态与经济协同发展的关键突破口。近年来，万安县紧紧抓住深化集体林权制度改革的契机，积极谋划，多措并举，致力于激活林下经济潜能，推动产业全面升级，走出了一条独具特色的生态富民之路。

1. 政策扶持：为产业升级注入动力

万安县积极出台各类优惠政策，为林下经济产业升级保驾护航。2024年，出台了《万安县 2024 年林业产业发展奖补扶持办法》，明确了乡镇和林场林下经济发展目标任务，并制定了详细的奖补政策。针对油茶、毛竹等主导产业，不仅按照省级标准给予奖补，还通过县级衔接资金追加奖补，直接惠及广大林农和合作社，极大地激发了他们参与林下经济产业发展的积极性。

积极探索绿色金融路径，推出“湿地贷”“毛竹贷”“油茶贷”等金融产品,实施“整村推进、整村授信”模式。通过“金融 + 龙头企业 + 农户”“金融 + 合作社 + 农户”等联动方式,为产业带 75 家新型经营主体完成授信审批，放贷金额 5 453 万元；同时为产业带覆盖的农户群体核定授信总额 3 亿元，已发放贷款 6 500 万元，为林下经济产业发展注入了源源不断的金融“活水”，解决了企业和农户发展产业的资金难题。

2. 发展模式创新：提升产业发展效能

一是发展多元化种植养殖模式。万安县立足本地丰富的森林资源和良好的生态环境，因地制宜地发展多元化的林下种植、养殖模式。在高陂镇推广了“林下种”“林中养”等林下经济发展模式，引进江西山好森林环

境技术有限公司投资建设了130余亩的草珊瑚、虎杖、黄精等中药材基地，采取"保底租金+收益分红"模式，为村集体每年增收4万元以上，带动林农就业30余人。全县经营林下经济面积6.2万余亩，林下经济总产值达3亿余元，惠及林业经营主体49家、农户3 000余户。在潞田镇东村村佰草汇千亩中草药种植基地，通过"企业+村集体+农户"的种植模式，引导村民大力发展山香圆、黄栀子、山苍子、射干等中药材标准化种植。

图2-16 "林下种""林中养"模式

二是推广"三方得利"合作模式。万安县积极推广"三方得利"合作模式，即让企业、村集体和农户在产业发展中都能获得实实在在的利益。五云林场建设的韶口乡韶口村809亩高产油茶基地采取了"林场+村集体+林农""三方得利"的经营模式，收益分成比例为6∶1∶3，充分调动了各方的积极性，实现了资源、技术、劳动力等要素的优化配置。

3. 产业融合发展：拓展产业发展空间

为提升林业二产加工能力，万安县对产业加工企业、技术服务公司等给予重点扶持。招引天睿竹业和江西竹基产业发展有限公司入驻万安竹科技产业园，两个公司项目总投资27.8亿元，投产后年上缴税收预计达7000万元，填补了全县精深竹产品加工的空白。同时，依托竹能源与碳材料科创中心的科研力量，突破产业发展技术瓶颈，推进产学研用深度融合，提高林产品附加值，延伸林业产业链条。

依托得天独厚的生态资源禀赋，万安县全力打造森林康养基地，大力推动生态旅游发展。在国家4A级旅游景区、国家林下经济及绿色产业示

图2-17 潞田镇红豆杉养生谷

范基地——潞田镇红豆杉养生谷，30 多万株珍稀濒危的国家一级保护植物红豆杉蔚然成林，迎风摇曳，构成了独特的生态景观。以此为优质生态载体，积极探索林业与旅游、康养、文化等产业的深度融合，着力构建集产品种植、特色养殖、林产品加工、农村电商、乡村旅游于一体的综合性服务体系。蓬勃发展的生态旅游与森林康养产业，不仅显著提升了林业的综合效益，更为当地带来了旺盛的人气、活跃的消费和持续的投资，为林下经济产业的繁荣发展注入强劲动力。

三、竹韵万安：在念好“竹”经中探索林业发展新路径

1. 政策引领：夯实生态产业融合发展根基

万安县深入贯彻落实习近平总书记关于“把小竹子做成大产业”的重要指示精神，深入挖掘万安毛竹资源潜力，激发毛竹市场经济内生动力，充分利用国家林草局和省林业局对口支援及交通区位等优势，融合一二三产同步发展，促进全县万顷翠竹化“绿”为金。2019 年至 2023 年接连印发了《万安县毛竹产业提升发展三年（2019—2021）行动实施方案》《万

安县关于加快推进竹产业高质量发展的实施意见（试行）》《2023 年毛竹示范基地升级改造项目实施方案》等文件，2024 年又编制了《万安县毛竹产业高质量发展三年（2024—2026）提升行动实施方案》，在政策层面对万安竹产业发展进行了布局，明确了对毛竹低改、笋竹两用林基地、竹林经营道路和竹林复合经营等方面进行奖补，有效激发了林农发展毛竹产业的积极性。

2. 方式创新：探索生态产业融合多元路径

一是创新"竹赛道"，构建产业发展新格局。紧跟国家林草局提出的"以竹代塑"发展理念，打破毛竹传统发展思维，创新毛竹新发展理念，围绕"竹建材化、竹食品化、竹能源化"三大方向持续加强科研力度，重点推进重型竹结构、竹缠绕技术、全竹利用产业链、竹废弃料制炭、竹笋食品加工、竹生物质颗粒加工等竹精深加工项目的招商落地，探索项目产业化成型路径，确立与南康、安福等周边市县不同的发展方向，铸就互鉴互补新局面；制定并印发了《关于将"以竹代塑"产品纳入政府采购支持范围的通知》，推动向全县机关企事业单位推广"以竹代塑"产品采购，引导竹制品生产加工企业参与政府采购，努力在全县营造"以竹代塑"应用推广氛围。

二是设立"竹基金"，助力竹资源培育。充分发挥三峡集团资金优势，积极与三峡集团沟通对接，争取了 850 万元竹产业发展基金，统筹用于万安毛竹基地、竹林经营道路、笋竹两用林等项目建设，有效提升万安竹资源培育水平；2019 至 2023 年争取了政府产业发展资金 1 000 万元，购买了 3 518.3 吨毛竹肥料，发放至全县 10 个乡镇场，统一组织施肥，辐射竹林面积达 7 万余亩；积极培育新型林业产业经营主体，推广"合作社 + 基地 + 农户"三方得利的经营模式，聚合社会资本以租赁、入股、转让等形式参与竹资源培育，解决发展资金受限问题，实现竹产业有序发展。

三是点亮"竹地图"，绘就竹建设全景。利用毛竹产业提升发展三年行动和毛竹示范基地升级改造项目等活动，集中对万安的毛竹试点示范基地、竹林经营道路和康养基地进行持续打造，竣工交付了 100 亩以上的毛

图2-18　万安县西元村高岭宿集

竹基地 30 余个，修建了毛竹经营道路 300 多公里，建成了高岭宿集竹林康养基地，以高岭宿集为媒介，向其他地区推介万安竹文化，有效提升了万安生态品牌形象。

四是打造“竹平台”，提升竹产品影响力。围绕竹产业“做强二产、扩展三产”的目标，在大广高速万安县韶口互通口附近规划了万安县竹科技产业园，搭建了属于万安的竹产业发展平台，大力招引精深竹加工企业入驻园区，积极优化万安竹产业结构，提升万安竹产品影响力。预计到 2026 年，将建成规模 1 000 亩、产业方向明晰、产业链基本完备的绿色循环竹科技产业园，现已基本完成一期 310 亩建设，目前已招引天睿竹业、江西竹基产业入驻园区。

万安县通过一系列强有力的政策引领，积极推动多元产业创新与生态旅游深度融合，逐步构建起林业发展的新产业、新业态，实现了生态效益、经济效益和社会效益的有机统一与协同共进，成效显著。

油茶产业提质增效，2024 年新增高产油茶种植 1.6 万亩，富硒山茶油凭借独特品质实现显著溢价，大幅度提升了产品附加值。毛竹产业延链强链，成功招引两家精深竹产品生产企业，总投资达 27.8 亿元，投产后预计年上缴税收 7 000 万元，产业经济效益实现跃升。林下经济助农民增收，五丰镇林下山香圆种植基地、沙坪镇生态竹林鸡产业基地等蓬勃发展，成为带动村民和村集体增收的新引擎。生态旅游成绩亮眼，潞田镇红豆杉养生谷等景区吸引众多游客，有效拉动了当地旅游消费。富硒产业辐射广泛，立足 120 万亩天然富硒土壤优势，富硒产业辐射带动 3 万余户农户，实现户均年增收超万元，2023 年富硒产业产值达 50 亿元。

万安县始终坚守生态底线，产业发展与生态保护并重，通过建设各类林业示范基地，累计完成人工造林 15 万亩、毛竹林改造 1.5 万亩、油茶培育 1.6 万亩。全县活立木总蓄积约 829.9 万立方米，森林覆盖率稳定在 71.81% 的高位。优质的生态环境让赣江万安段国控、省控断面水质常年优于Ⅱ类标准，集中式饮用水源地水质达标率持续保持 100%。

生态产业融合发展有效惠及民生，创造了多元就业，油茶、毛竹产业链条以及林下种植、生态旅游服务等业态，吸纳了大量当地村民就近就业。赋能乡村振兴，产业发展有力促进了乡村基础设施提升、人居环境改善和经济社会全面发展。畅通"两山"转化路径，通过"生态 + 平台搭建""生态 + 项目发展""生态 + 绿色产业"等系列实践，拓宽了"绿水青山"转化为"金山银山"的渠道，让群众真切共享生态发展红利。

从传统林业转型升级，到林下经济的多元蓬勃发展，再到生态旅游的创新融合探索，万安县的每一步举措都为其他地区践行绿水青山就是金山银山理念提供了极具价值的参考。其在政策体系构建、产业发展路径选择、生态资源价值转化模式创新等方面的成功经验具有广泛的可复制性与可推广性，为致力于生态产业融合发展的地区提供了宝贵借鉴，助力绘就更多绿色可持续发展的精彩画卷。

经验启示

万安县在生态治理领域深耕不辍，斩获多项国家级与省级荣誉，在河湖治理、土地碎片化和林地治理方面成为践行“两山”理论的标杆。

以“河湖长制”为纲，践行“水陆共治、城乡统筹”治理理念。“一湖一策”精准破解污染困局，跨区域联合管护跨界河流，形成上下游协同治理格局；多部门联动开展生态执法，重塑水域生态秩序。三大公园示范工程以“治水兴城”为核心：万安公园退养还湿复育湿地生态，心安公园岸线整治激活滨水经济，德清公园融合“生态 + 产业”实现价值转化，让碧水成为城市发展的生态动脉。

以“三方得利”模式破局土地碎片化难题，通过土地流转实现规模化经营，将闲田荒地转化为富硒沃土。三类开发路径因地制宜：低效土地转型特色产业，高标准农田集聚成产业带，村级基地引入市场主体激活存量资源。产学研协同培育富硒品种，智能农业技术赋能精准种植，全链条开发让“硒望田野”成为乡村振兴的金色引擎，走出生态农业与经济发展的共生之路。

全国首部林长制省级地方标准——《林长制工作规范》实施启动仪式在万安县成功举行。万安县以林长制改革为契机，创新“场企村”联动模式，化解林权历史症结，实现了林地资源集约化整合。通过开发林下经济践行了“点绿成金”理念：政策扶持与金融创新双轮驱动，“林下空间的二次租赁”激活林下空间，“三方得利”机制共享生态红利。推广“以竹代塑”的同时推动竹产业全链条发展，在念好“竹”经中探索林业发展新路径，让青山林海成为可持续发展的绿色资本。

以“山水林田湖草沙是生命共同体”为指引，将系统治理思维贯穿生态保护与价值转化全过程。从河湖治理到土地提质，从林权改革到林下掘金，每一步探索都印证着“两山”理论的实践真谛。其以制度创新破解资源约束、以科技赋能提升生态价值、以产业融合拓展发展空间的实践，让绿色发展的底色在协同治理中愈发鲜明。同时在各领域治理中均注重政策引领和机制创新，出台的一系列政策文件、建立的协同治理机制、创新的利益分配模式等，为其他地区政策制定和机制设计提供了参考。

第三章

数智化赋能加力　全面盘活生态资源资产

数智化赋能生态产品价值实现是“绿水青山”转化为“金山银山”的关键路径，更是破解生态产品价值实现中度量难、核算难、变现难、抵押难、交易难等难题的关键密钥。万安县把握数智化新机遇，构建“摸清家底—量化价值—金融赋能—市场交易—普惠共享”的全链条数智化赋能体系。通过卫星遥感、物联网、大数据等技术实现生态资产精准盘点、动态监测，描绘全县生态资源“高清画像”；创新 VEP/GEP 核算模型，将无形生态服务转化为可量化的货币价值，为交易及核算提供科学锚点；依托数据信用开发“VEP+ 生态鱼贷”绿色金融工具，以生态未来收益权为质押，激活沉睡资产；以生态资源云端数据平台为支点，撬动生态资源的价值转化，成功架起“绿水青山”通往“金山银山”的数智金桥。万安县初步破解了生态产品价值实现难题，激发了县域绿色发展动能与生态经济活力。

第一节　智绘“高清画像”：实时掌握生态家底

万安县积极运用数智化手段，通过开展生态资源调查与确权登记、建立统一的数据台账及共享开放平台，有效推动资源的集中收储与高效管理，为生态产品价值实现奠定了坚实的数字化基础。

一、全面摸清家底，夯实"两山"转化资源链

1. 智绘数字图谱，筑牢坚实根基

以数智化技术作为精准"探针"，构建全方位、立体化的生态产品家底摸排体系。借助高分辨率卫星遥感技术，为山林田湖草安装"天眼"，实时监测森林覆盖率、湿地面积、水体质量等动态数据；通过物联网传感器织就"感知网络"，深入自然保护区、流域源头等关键区域，持续采集土壤墒情、生物多样性等微观信息。利用大数据平台整合各类生态本底数据，并结合人工智能算法，精准核算森林碳汇量、水资源价值、景观资源潜力等生态产品价值，绘制全域生态产品"数字地图"，使无形的生态价值变得具象化、可量化。运用区块链技术为生态产品确权赋码，实现全生命周期溯源管理，让生态家底真正成为可持续发展的"绿色银行"。

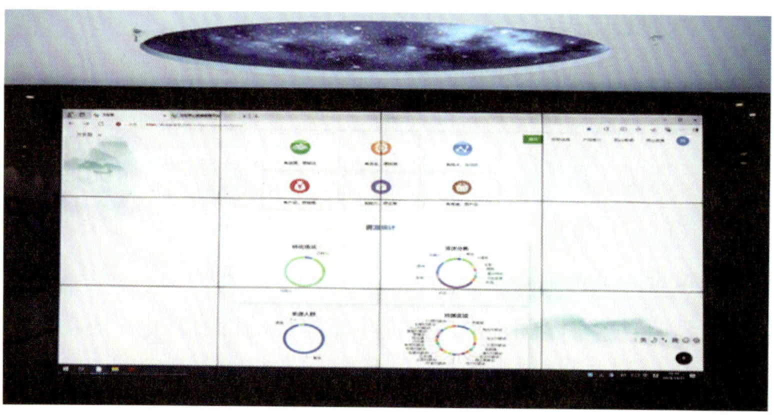

图3–1　生态资产的可视化管理

2. 建立数据台账，打造智慧管理平台

万安县积极对接省、市自然资源部门，推动全民所有自然资源资产所有权委托代理工作。对全县林地、后备湿地、山塘水库、废旧古村落、农村产业基地及宅基地等重点生态资源开展了全面摸底调查，并推进确权登

图3-2 万安县两山资源数智管理平台

记工作，建立了翔实的资源数据台账，为后续自然资源资产的集中收储、评估、交易、融资奠定了坚实基础。

加快打造集生态资源数字化收储、管理与展示于一体的综合性智慧管理平台，实现对全县自然资源资产的集中化收储和高效登记，提升资源管理的效率和精准度。智慧平台项目包含资源发布平台、数字可视化展示、农产品溯源可视化、农产品交易平台、门户网站及移动客户端 / 小程序等五大业务平台以及基础支撑平台、云服务等两大技术支撑。已成功建立覆盖县域内 53 大类 192 项细分指标的生态资源数据共享开放平台，并录入关键数据台账：全县耕地总面积 36.13 万亩，耕地后备资源 3.68 万亩（宜耕园地 1.32 万亩、宜耕林地 1.16 万亩、宜耕草地 0.63 万亩），林地总面积 216.45 万亩（国有林场 30.59 万亩，集体权属 25.75 万亩），水域面积 23.4 万亩，湿地后备资源 0.53 万亩，园地总面积 9 万亩，赣江万安段储备砂石总量 1 555.8 万吨（采区面积 1.25 平方公里），矿山 21 家（发证面积

6 131.4 亩）。平台还收录了"两品一标"农业品牌 51 家，涵盖了富硒大米、脐橙、蜜柚、葡萄、茶叶等，以及古村古建 12 处，工业遗址 5 处，城市公园绿地 10 处，光伏产业 201 处（其中 18 处由市级以上人民政府确权登记）。

3. 数智化赋能生态产品确权，构建监测评估新范式

以数智技术为突破口，构建起全链条监测评估体系。依托高分辨率卫星遥感与无人机低空巡查，对滩涂、林地等资源进行高精度测绘，绘制三维立体权属地图，精准划定生态保护区边界；同步在林区、水域部署物联网传感器矩阵，借助 AI 图像识别技术实时监测资源变化，动态更新权属档案，实现生态资产的可视化管理。在此基础上，通过搭建资源环境承载力综合评价指标体系，科学设定人口、产业、资源开发等领域的总量上限，并对超标领域设立"生态敏感区域"。依托动态数据库与智能预警系统，在该区域加密布设污染物监测网络，并对超载区域实施分级管控，配套建立协同监督、定期公示及执法司法联动机制，形成"监测—预警—响应"闭环管理。

整合生态环境网格化管理体系，建成智慧监测系统与生态环保大数据平台。通过"一企一档"动态更新机制，精准掌握污染源底数，为靶向执法提供数据支撑；同步推进智慧环保与"1831"监控体系建设，强化环境

图3–3　生态环保大数据平台

信息公开透明度。积极探索绿色经济创新路径，落地碳排放权交易制度，构建林业碳汇计量监测体系，参与区域碳中和试点，并推进实施排污权有偿使用与交易，实现对空气质量、企业排污、入河排污口等重点领域的智能监管，显著提升环境治理的精准度与实效性。

二、数智化赋能生态治理与河湖管护

1. 打造智慧监管中枢，织密水清土净防护网

依托生态环境网格化监管体系，万安县建立了日常巡护监管机制和乡镇用水总量分配制度。加强了水源及水厂水质监测，建立健全部门监测数据共享机制，确保集中式饮用水水源地水质优良比例达到100%，并加大饮用水安全信息公开力度。强化工业园区污染治理，完成工业污水集中处理设施、自动在线监控装置安装联网，实现园区污水处理设施全覆盖。对重点企业用地进行梳理排查，掌握疑似和潜在污染地块，开展信息收集与采样调查，建立污染地块清单、优先管控名录及土壤污染风险管控和修复名录。鼓励采用“环境修复＋开发建设”模式，利用卫星遥感等技术完善发现问题的手段，严格准入管理，加强污染地块开发利用监管。

图3-4 专业人员进行水质检测

2. 构建"数智三长"体系，激活河湖精准治理新动能

万安县创新构建"河长 + 警长 + 检察长"协同治理体系，明确警长、检察长与河长联动履职，形成执法司法合力。三方依托智慧治理平台，通过数据共享打破部门壁垒，对非法采砂、排污等涉水违法行为实施精准打击，高效破解跨部门执法难题，为河湖管护筑牢法治屏障。乡、村两级河长借助掌上河湖 APP，实时上传巡查轨迹、现场照片及问题描述，APP 内置的 AI 图像识别功能可自动筛查水面漂浮物、岸线违建等异常情况，有效增强了基层河湖长责任意识，带动全社会形成爱河护河共识。依托无人机搭载的高分辨率摄像头和多光谱传感器，对全域河道开展立体巡查，利用地理信息系统（GIS）生成三维河道模型，精准定位岸线侵占、水质污染等隐患问题。无人机巡查数据实时同步至智慧河长综合应用系统，通过大数据预判生态风险，形成可视化治理方案。

将智慧河长系统与掌上河湖 APP 深度融合，构建起县、乡、村三级河湖管护"云网络"。系统内置智能预警模块，通过对水位、水质、流速等关键指标实时监测，自动触发异常报警，实现问题早发现、早处置。依托

图3–5　智慧河长综合应用系统

系统“问题清单—交办督办—整改反馈”闭环流程，推动500余项河湖治理难题的高效解决。整合水利、环保、公安等部门数据，运用机器学习算法对河湖生态演变趋势进行动态模拟，为科学决策提供数据支撑，真正开启“指尖巡查、数据留痕、智能督办”的河湖管护新时代。

第二节 打造“数智之眼”：精准量化生态价值

万安县积极探索出一条“核算—转化—金融”的数智化生态产品价值实现路径：将全域生态系统价值与特定地域单元生态产品价值精准量化，实现生态资源从“实物量”到“货币值”的科学转化；以生态鱼产业为突破口，通过“VEP+金融”模式激活生态沉睡资产，落地全市首笔生态产品收益权质押贷款。这为“绿水青山”向“金山银山”转化提供了可复制的县域样本。

一、数智化赋能 GEP/VEP 核算

探索生态价值量化路径，依托数智化技术构建起覆盖县级17个乡镇场的生态系统生产总值（GEP）与生态产品价值（VEP）双核算体系。深度融合物联网、大数据、人工智能等前沿技术，形成从数据采集、动态监测到精准核算的全链条数字化解决方案。

在数据采集环节，通过卫星遥感、无人机航拍与地面物联网传感器矩阵形成监测网络，自动采集植被覆盖、水质变化、生物多样性等基础数据，并运用AI图像识别技术对生态资源资产进行动态监测，实现数据的高频次更新与异常预警。

数据处理与分析阶段，依托县域生态大数据中枢，运用深度学习算法对采集的海量数据进行交叉验证与价值评估。针对物质产品价值，系统通过分析特色农产品的产量、品质与市场数据，精准测算经济产出；在调节服务价值核算中，结合气象、水文等数据模拟森林固碳释氧、水土保持等

生态功能；对于文化服务价值，则整合文旅资源数据，评估生态景观的旅游潜力与文化价值。

经数字化核算体系评估，万安县 GEP 总价值突破 100 亿元，清晰呈现生态系统在经济、社会、环境领域的综合效益。这不仅为摸清生态家底提供了精准数据支撑，更为生态产品价值实现机制构建、绿色金融创新、生态补偿政策制定等工作奠定了坚实基础。

二、数智化赋能生态渔业 VEP 核算

图3-6　万安县智能化渔场

江西省两山渔业有限公司以数智化手段为核心驱动力，构建起“数据驱动—金融创新—产业升级”的完整赋能链条。依托物联网、卫星遥感、区块链等技术精准采集与深度分析水域环境、生物资源等数据，实时监测并科学预测生态产品的价值波动趋势与潜在风险；借助数据支撑为金融机构设计并落地绿色信贷、定制化生态保险以及生态权益抵质押等创新金融产品提供坚实、动态的数据支撑与风险评估依据；通过金融“活水”的精准滴灌和风险保障，有效引导资本投向生态友好型养殖技术升级、智能化渔场建设、品牌价值提升及高附加值产业链延伸，从而促使渔业生产方式向绿色低碳、高质高效、可持续发展方向转型升级，实现生态效益与经济效益的协同增长。

通过数智化核算，江西省两山渔业有限公司自然资产的 VEP 生产总值为 1 260.86 万元，其中物质产品价值占比最大，为 638.3 万元，调节服务产品价值次之，为 544.9 万元，文化服务产品价值最小，为 77.66 万元。

在特定地域单元 VEP 核算中，数智化技术成为破解生态价值量化难题

图3-7　两山渔业有限公司VEP核算区域遥感影像

的核心密钥，为生态产品市场化交易规划清晰路径。万安县以龙溪生态鱼育种基地为切入点开展 VEP 核算，数智化技术贯穿数据采集、价值分析以及成果应用全流程，通过搭建线上交易平台、数字化营销等方式激活社会参与生态建设的活力，以全方位的金融与政策支持为依据，推动生态文明建设与数智化实现双向赋能与协同发展。

三、数智化赋能 VEP 贷创新

深入践行“两山”理论，以数智化技术为支撑，将 VEP 核算成果与绿色金融深度融合，创新推出“VEP+ 生态鱼项目贷”金融模式。依托数智化手段完成万安生态产品价值 VEP 核算报告，再通过大数据技术量化水资源、固碳、土壤等生态资源的未来收益权，将传统难以抵押的生态资产转化为可计量的金融质押物。2024 年 1 月，万安县农商银行基于第三方 VEP 核算数据，将两山渔业公司生态资源的未来收益权通过数字技术完成确权与估值，成功向龙溪生态鱼育种基地发放 700 万元贷款，实现全市首笔 VEP 收益权质押贷款落地。

图3-8　生态鱼育种基地

该模式通过数智化赋能破解多重痛点。一方面，利用区块链技术确保VEP核算数据的不可篡改，为金融机构提供可信的风控依据；另一方面，依托智能风控模型动态评估生态资源价值波动，精准设定贷款额度与期限。建立"政银合作"数字化管理机制，通过线上平台实现贷款准入、材料审核、额度审批全流程数字化，配套出台《万安农商银行特定单元生态价值VEP贷管理办法》，以数据规范化保障业务标准化。数智化技术应用为绿色金融创新提供数字化支持，推动生态资源保护与产业可持续发展的双向赋能。

第三节　构建"数智链路"：有效畅通交易路径

数据要素能有效激活生态产品价值实现的乘数效应，使数智化成为撬动乡村振兴与生态文明建设协同发展的关键支点。万安依托数智化赋能，不仅构建了农产品线上线下协同交易闭环，达成产销精准对接，还打通供应链全链条，推动联农带农价值共享，更在湿地资源交易领域实现生态保护、资源增值、经济发展的"三重跃迁"。

一、数智化重构交易，线上与线下协同发展

以数智化技术为引擎构建线上交易体系，破解农产品销售困局。依托“两山”数据运营平台，精准洞察消费需求趋势，指导产品上架策略与营销方向。成立“两山”优选电子商务公司，以自有微信小程序与智能直播平台为核心载体，联动京东、天猫等主流电商及抖音、三峡E购等特色平台，形成覆盖综合电商、兴趣电商、垂直市场的全域数智交易矩阵，实现井冈蜜柚、水稻、茶叶和油茶等400余种富硒特色农产品线上全上架。“两山”数据平台的智能匹配系统，不仅为17个乡镇建成富硒农产品直播基地，还同步安排专人线上监测、预售特色农产品，通过“数据驱动精准匹配+智能算法高效推荐”，实现小农户与大市场的高效衔接。

以数智化手段重构线下交易场景，着力打造“体验+交易+服务”一体化网络。建设“两山”优选商超等智慧体验空间，融入电子价签、VR/AR产品展示及扫码溯源系统，以数字化工具提升消费透明度与沉浸感。在无锡、东莞等地精心建立“万安湖”生态鱼销售前置仓库，为高效配送鲜活生态鱼筑牢根基，并做好“线上下单，门店配送”与“门店体验，线上下单”的同步衔接，创新性实现“手机挑活鱼”服务。依托智能收银系

图3-9 线上市场布局

统与消费数据平台分析消费者偏好，用线下消费数据反哺线上选品与营销策略的制定，形成“数智化体验吸引客流—数据采集洞察需求—交易策略精准优化”的闭环。

二、数智供应链高效融通，联农带农价值共享

以数智化供应链为核心驱动力，万安打通“仓储—物流—品控—交易”全链条。依托“万安富硒农产品配送中心”智能枢纽建设，引入智能仓储管理系统，实现了精准的库存定位与高效动态管理，并运用算法优化配送路径，显著压缩了仓储物流成本。构建了基于温湿度实时监控与区块链技术的“田间到餐桌”可视化溯源链条，使消费者扫码即可获取产品全流程的生产、仓储及物流信息，有效解决了信息不对称问题。面对线上直播瞬时订单与线下多网点需求，数智化系统实现全渠道库存联动，通过算法预测销量并动态调配资源，真正实现“卖得出、送得快”。

在联农带农机制中，数智化供应链成为连接小农户与大市场的关键纽带。2023 年联农带农总收益达 7 090 余万元，生动诠释了数智化驱动下生态价值与民生福祉的协同增长。两山公司根据数据平台整合 3 000 余户农

图3-10　智能仓储、物流机器人研发制造及智慧场景应用项目签约仪式

户，通过统一品控、智能包装、精准营销的数字化服务，解决农户产销对接难题，形成“技术赋能供应链—供应链支撑交易—交易反哺农户”的良性循环。依托区块链与大数据平台，通过数据监测与智能算法模型，实现各产业收益的透明化计量、精准化分配。

三、数智赋能破局，湿地交易“三重跃迁”

1. 破解转化密码，激活湿地金融价值

万安县成立吉安市首家湿地资源运营中心，以数智化管理为枢纽，实现湿地资源从精准摸底、指标核算、在线交易到金融赋能的全链条数字化升级。通过数字化手段对湿地后备资源、新增资源进行盘点登记，运用大数据技术摸底全县坑塘水面、养殖水面等生态资源，建立动态数据台账。借助数智化手段将 4 506 亩坑塘水面有序变更为养殖水面，完成湿地资源储备，将生态资源转化为可量化、可追溯的经济数据。在指标管理上，利用数智平台实现湿地占补平衡指标的标准化核算、登记与监管，确保湿地面积、功能、效益“三不减损”。

颁发湿地经营收益权证，构建“生态权益 + 金融工具”的新型运营模式。

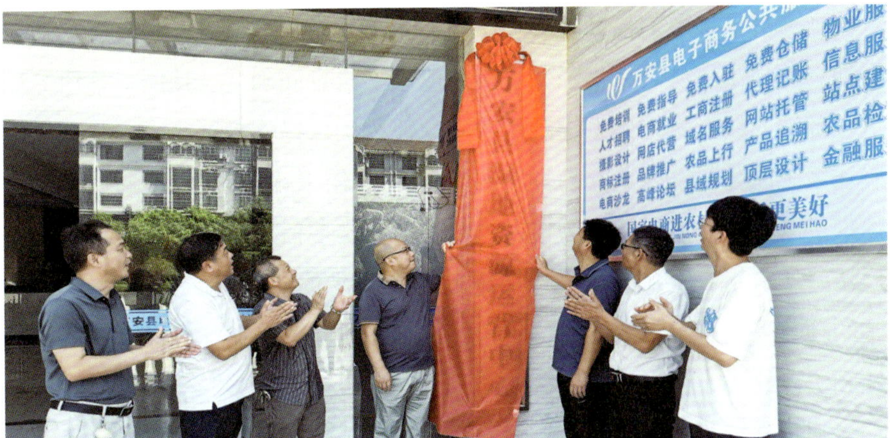

图3-11 万安县湿地资源运营中心成立

确权登记环节，数智平台依托空间范围精准测绘、界定权属关系并清晰登记。通过区块链存证技术，构建起安全可信的数字化权属档案库，实现湿地资源权属信息的全流程可追溯，确保登记数据的不可篡改性，为生态资源资产化运营奠定数据确权基础。确权登记明确了湿地经营主体的收益权益，将原本难以量化的湿地生态价值转化为可交易、可抵押的金融资产。

2. 数智驱动实践，完成全市首例湿地交易

万安县湿地交易在数智化技术的深度赋能下实现了重大突破。2024 年 4 月 3 日，通过数智化平台与湿地资源运营中心的高效协同，万安县与江西大唐新余发电有限责任公司签订全市首份湿地占补平衡指标交易合同，出售湿地占补平衡指标 600 平方米。

数智化平台通过对湿地数据的收集、整理与分析，整合了湿地的地理位置、面积、生态功能、生物多样性等多维度数据，运用算法模型，对湿地"占补平衡"指标的价值进行科学评估，改变了以往依靠经验估算的方式，从根本上保障了交易的合理性与科学性。通过对湿地水质、土壤质量以及物种栖息地面积等进行量化分析，更准确地衡量湿地的生态价值，从而确定其在交易中的合理价格，避免了交易过程中的价值偏差，使买卖双方都能在公平、合理的价格体系下进行交易。

在交易流程层面借助数智化手段，减少了人为干预，大大缩短了交易周期，提高了交易效率，降低了交易成本。将意向确认、挂网、签约等环节全部纳入线上管理体系，利用数字化流程确保操作规范高效。线上意向确认系统简化双方表达交易意愿的流程，避免传统纸质文件传递过程中的烦琐手续和可能出现的人为错误。挂网环节实现信息的实时更新和透明化展示，所有潜在买家都能在同一时间获取交易信息，保证交易的公平性。签约环节采用电子签约技术，不仅能提高签约效率，还能确保合同的安全性和法律效力。

通过数智化技术赋能，构建"生态权益 + 金融工具"新模式，引入市场化运营机制，打通湿地保护融资渠道，将抽象的湿地生态价值转化为可

交易、可抵押的金融资产，激活沉睡的生态资源。

3. 数智守护湿地新生，循环赋能生态经济

数智化技术为万安湿地修复工程提供了全面的数据支撑。通过对交易前湿地数据以及交易后修复目标数据的对比分析，制定出科学合理的湿地修复方案。数智化平台实时监测修复工程的进展情况，收集修复过程中的各项数据，并根据这些数据及时调整修复策略。修复后的湿地通过数智化平台积极申报小微湿地示范点，实现申报材料在线提交与审核，提高申报效率。"武术乡社田村小微湿地保护和利用示范点"成为小微湿地示范点后，吸引了更多的生态保护资金和项目，进一步推动了湿地的保护与发展，形成了"生态保护—资源修复—产业发展—资金反哺"的良性循环。

经验启示

万安县以数智化技术为核心引擎，系统性突破了生态产品价值实现中"度量难、核算难、抵押难、交易难、变现难"五大核心瓶颈，成功构建了"资源数字化—价值金融化—交易市场化—收益共享化"的全链条赋能体系，为县域"两山"转化提供了可验证、可推广的数智化解决方案。

以数智化技术为全域突破引擎。通过卫星遥感、物联网、区块链构建覆盖53大类192项指标的生态资源"高清画像"，依托数智化创新GEP/VEP协同核算模型，将森林碳汇等无形生态服务量化为可交易的货币价值，从技术层面破解"家底不清"难题；以数智化核算数据为信用基石，开创"VEP+生态鱼贷"模式，落地吉安市首笔700万元生态收益权质押贷款，通过区块链确权颁发湿地经营收益权证，实现生态权益从数据到资本的价值跃升；搭建线上全域交易矩阵与线下智慧体验网络的协同体系，完成湿地占补平衡指标线上交易27万元。

以"三层赋能架构"体系形成可推广的数智化范式。技术层打造

图3-12 万安湖国家湿地公园

生态数据库、"空天地一体化"监测网络与区块链溯源体系，可依据不同县域资源禀赋快速适配；机制层建立"政银企"数字协作机制、湿地占补平衡交易规则，提供制度供给;路径层构建"数据摸底—价值核算—金融赋能—市场交易—普惠共享"五步闭环，为生态薄弱地区提供实施路线图，为县域数智化赋能生态产品价值实现提供普适性解决方案。

第四章

市场化高效运作　深挖生态产品价值潜能

市场化运作是生态产业化的关键手段。万安县聚焦林业碳汇交易、生态旅游特许经营、生态资源数字化确权等领域，以全产业链模式重塑生态与经济协同发展新范式。从资源确权到市场交易，从产品开发到品牌塑造，探索回答如何通过市场机制实现生态产品价值增值、如何平衡生态保护与经济开发的矛盾、如何构建“三方得利”的协同机制三大问题，以此支撑培育高质量发展新动能。

第一节　“人放天养”养好一条“万安鱼”

渔业发展面临的一个普遍问题是如何破解池塘养殖密度高、品质低而大水面生态鱼又生长慢的矛盾？万安着眼于全产业链，创新探索出“人放天养”模式，有效地将生态价值转化为经济价值。万安鱼头已超越单纯食材的范畴，成为承载生态价值、经济价值与文化价值的复合型载体。这尾从碧波中跃出的生态鱼，不仅承载着一方水土的自然馈赠，更为生态资源向经济优势转化提供了典型路径。

一、好资源孕育好产业

好模式源于好资源，"人放天养"模式根植于万安县万安湖、心安湖及 104 个中小型水库等优质水面资源。

万安县抓好水域生态保护，夯实大水面渔业基础。秉持生态优先的原则，不断强化水资源生态安全保护。在万安湖，拆除了所有网箱养殖设施、灯光诱捕网、定置网、"迷魂阵"和万安湖主河道上的所有非法钓鱼棚，并回收、拆解、处置赣江万安段无证渔船 257 艘，有效改善了万安水库水质，保障了该县城区及下游城市居民饮用水水源安全。在赣江水域，坚决推进禁捕退捕工作，引导全县渔民退捕上岸，完成退捕渔民 151 户共 300 人建档立卡，给 93 人缴纳企业职工基本养老保险，给 207 人缴纳城乡居民基本养老保险，全面落实了退捕渔民安置保障政策。实施万安水库库汊退养，通过库汊摸底、资产评估、退养补偿等举措，全部收回了万安水库 44 座共 1.82 万亩库汊养殖经营权，实施生态养殖模式，为当地大水面生态渔业发展奠定了坚实基础。

水质环境是鱼的命根子。目前，全县在赣江流域构建"两湖三库"生态矩阵——万安湖、心安湖和蕉源水库、芦源水库、光明水库，实施"人放天养"净水渔业。全县已有 16 万亩认证水域成为"水下森林"，8 000 亩有机养殖区的浮游生物量达到每立方米 30 毫克。在核心区万安湖，1 125 吨特种鱼类在"水库健身房"强化肌肉质感；24 小时水质在线监测系统严格守护Ⅱ类水质标准，确保每一条鱼都带着"绿水青山的身份证"游向餐桌。

二、好政策护航好模式

万安坐拥万安湖、心安湖等优质水域，立足此优势，以《万安湖及心安湖大水面生态保护及利用规划（2022—2035）》《万安生态渔业发展三年行动计划》为指引，通过"公司 + 基地 + 农户"的产业组织形式，采取"人放天养"养殖模式；通过"接力养""捕大留小"和"轮捕轮放"等生态

图4-1 万安湖渔民围网捕鱼

养殖方式，建立从鱼苗育种到联合生产再到统一收购的万安生态鱼产业链模式。

万安县积极探索生态养殖方式，延伸生态养殖链条。锚定“万安鱼头鲜天下”战略目标，以鲜兴产、以产富民，深耕 27.8 万亩水域资源，构建“生态养殖—精深加工—品牌营销—渔旅融合”的全产业链条。“人放天养”模式有效落地实施，“人放”阶段为周边池塘养殖户提供了稳定且高于普通商品鱼价格的订单；“天养”阶段创造了巡护、捕捞、加工、销售等就业岗位；品牌溢价惠及整个产业链。目前，全县 17 个乡镇场 104 个中小型水库和 2 000 多户农村养殖户 5 200 余人参与生态鱼养殖，新增就业岗位 300 多个，实现人均年增收 12 000 元以上。

三、好鱼苗集成好方法

鱼产业的繁荣离不开优质的鱼苗。为确保种苗的本地化与可控性，万安县加强与中国农科院、江西农业大学、省农科院等科研院所的合作，建立以企业为主体、科研院所为依托的生态渔业研发体系。开展鲢鳙池塘主养高产技术研究，实现从鱼苗孵化，到水花、夏花、冬片及大规格苗种的分段培育，满足"人放天养"所需苗种，减少对外地种苗的依赖，保障种苗供应稳定性与品质可控性。

为了系统形成"良种—良技—良艺"的养殖方法，做到繁育推一体化，万安县联合南昌大学、江西省绿色产业集团等共建"生态鱼产业研究院"，制定《大水面渔业资源保护和增殖渔业资源利用方案》等12项地方标准，构建"四级示范基地"的认证体

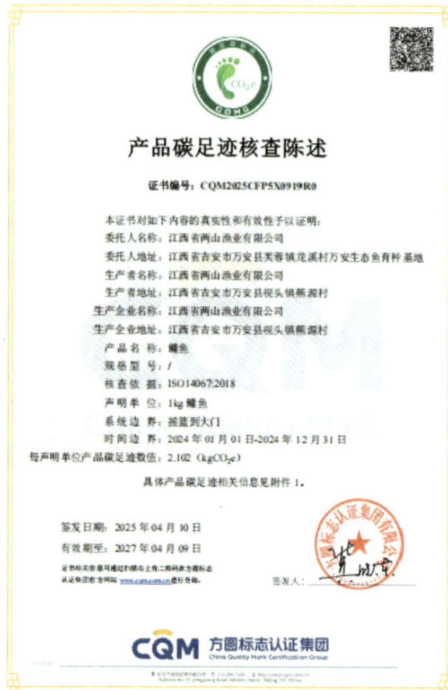

产品碳足迹核查陈述

证书编号：CQM2025CFP5X0919R0

本证书对如下内容的真实性和有效性予以证明：
委托人名称：江西省两山渔业有限公司
委托人地址：江西省吉安市万安县芙蓉镇龙溪村万安生态鱼育种基地
生产者名称：江西省两山渔业有限公司
生产者地址：江西省吉安市万安县枧头镇蕉源村
生产企业名称：江西省两山渔业有限公司
生产企业地址：江西省吉安市万安县枧头镇蕉源村
产品名称：鳙鱼
规格型号：/
核查依据：ISO14067:2018
声明单位：1kg鳙鱼
系统边界：摇篮到大门
时间边界：2024年01月01日-2024年12月31日
每声明单位产品碳足迹数值：2.102（$kgCO_2e$）

具体产品碳足迹相关信息见附件1。

签发日期：2025年04月10日
有效期至：2027年04月09日
证书相关信息可通过扫描右上角二维码或方圆标志认证集团官方网站 www.cqm.com.cn进行查询。
签发人：

CQM 方圆标志认证集团
China Quality Mark Certification Group

图4–2　鳙鱼碳足迹认证证书

图4–3　水产苗种繁育场

系：从夏花苗种到 3 龄成鱼，建立包含 21 项指标的品质档案，“一鱼一码”全程溯源，让每一条生态鱼都成为“舌尖上的安全名片”。在蕉源水库建成全国首个鳙鱼碳足迹认证基地，推动开展“中科佳鳙 1 号”等品种试验示范，“光唇鱼—翘嘴鲌”立体混养模式使亩产效益突破 8 000 元。

在进行良种繁育推一体化示范推广的同时，万安县抓好生物资源培育，优化水生物种种群结构，创造生态“渔业 +”条件。2014—2024 年在赣江增殖放流“四大家鱼”等鱼苗 4 000 万尾。2023 年水生生物监测调查显示，万安湖和心安湖已监测到鱼类 47 种 2 116 万尾 5 280 吨、浮游植物 7 门 90 种、浮游动物 4 类 66 种、底栖动物 3 门 35 种。以此为基础，当地政府进一步优化生态养殖技术，推广“人放天养”新模式，依托该县水产苗种繁育场，改造“四大家鱼”苗种繁育设施，改造提升亲鱼池、后备亲鱼池、苗种培育池等 250 亩，实施“四大家鱼”亲本更新，实现年苗种繁育能力 3 亿尾以上。

四、好措施取得好成效

采用“分段养殖、塘湖接力”的落地举措，实施“人放天养”接力养殖模式。全县有蕉源水库、芦源水库等五个生态鱼养殖示范基地，采用“县两山渔业公司 + 乡镇基地（水库）+ 农户”的合作办法，由县两山渔业公司（即江西省两山渔业有限公司）负责统筹，对生态鱼的生产标准、产品质量、运输销售等进行规范化统一管理，乡镇负责基地建设，农户参与养殖。

从本质上看，“人放天养”是“分段养殖 + 生态溢价 + 品牌增值”的结合体，解决了池塘养殖密度高、品质风味不足，而大水面养殖周期长、苗种投放风险大、回捕率低的核心矛盾。从塘育源头（苗种、饲料、用药记录）到湖养过程（水域环境证明、无投喂证明、捕捞记录）再到销售终端（检测报告），全程可追溯，这是高溢价的基石。

“人放天养”就是“分段养殖、塘湖接力”，即利用池塘和小型水库的高效可控性进行鱼种培育和前期养殖（“人放”），再将鱼转移到天然大水

图4-4 "塘育"鱼苗基地

面（比如万安湖和心安湖等），利用其优越生态环境进行生态化、品质化养成（"天养"），最终以高品质生态鱼品牌实现高价值变现的接力养殖模式。

实际上，"塘湖接力"是一种空间接力，养殖过程在池塘和大水面两个不同生态位空间中接力完成。"人放"是价值根基，"天养"是价值变现，池塘是鱼苗培育的关键场所，大湖则负责后续的增养殖，这两种养殖方式形成有机整体，优化了渔业养殖结构，提升了整个产业链的稳定性和可持续性。

首先，在"人放"阶段，对鱼的前期生长周期实施精细化管理。主要任务是高效育种、标准强化、病害防控、精准投喂，这样做的好处是环境可控（水温、溶氧、投喂、防病治病）、生长速度快、成活率高。这是根基，相当于"从娃娃抓起"，必须选择健康、抗逆性强、适合大水面生长的优良品种（如优质鳙鱼和鲢鱼等）。出湖时，体质要强壮，要做到健康无隐患，严格检疫，确保无重大传染性疾病和寄生虫，否则，一入大湖，前功尽弃，还可能污染大水面。另外一个关键是"出塘"规格，太小（如 1 两以下）放入大水面成活率低、易被捕食，太大则成本过高、池塘占用时间长，通常出湖规格在 1~1.5 公斤，可以降低在自然环境中早期面临的诸多风险，提高转场运输和大水面养殖的成活率。

其次，在转场运输过程中，保障鱼的健康。从塘到湖的运输过程中，要保活、保氧、防损伤；放鱼前“缓苗”（调节水温差、水质差），减少应激性死亡。要使用专门的运输工具和设备，根据鱼的数量和运输距离，选择合适的活鱼运输车和氧气袋等，确保运输工具清洁、无毒，并且能够提供足够的氧气和适宜的水质环境。在运输过程中，要密切监测水质参数，如温度、溶解氧、氨氮、亚硝酸盐等。可使用增氧设备或加入增氧剂，保持水中充足的溶解氧。同时，根据需要调整水温，避免水温变化过大使鱼产生应激反应。

第三，在“天养”阶段（大水面——湖泊），人放天养，让鱼彻底回到大自然的怀抱。水域广阔、天然饵料丰富（浮游生物、底栖生物等）、水流刺激、低密度、无投喂或少投喂、环境胁迫小（相对低应激）、鱼肉紧实鲜美、安全无药物残留，是追求品牌溢价和产业链价值最大化的生态保障。依靠天然饵料生长是保证“生态”属性和独特风味的关键，也是降低成本的重要途径。要全时段进行生态监测，定期监测水质、浮游生物、底栖生物变化，评估承载力和鱼类生长状况。

典型案例：万安“鱼头昂起”之路

江西省两山渔业有限公司隶属万安县两山集团有限公司，以万安鱼头为核心，深度耕耘生态渔业，引领产业发展。自成立以来建设了万安生态鱼繁育、万安生态鱼养殖示范试点等 5 个基地。基地建成后，公司为全县水产养殖户及商品鱼拓宽销路，同时对村民日常养殖工作进行指导，实现了脱贫户、村集体、经营主体“三方得利”，还建立了万安湖水库有机鱼江苏运营中心，开展生态活鱼交易，持续为助农增收工作增添动力。

2024年3月，江西省两山渔业有限公司与江苏无锡五湖水产商行签署了战略合作协议。五湖水产商行将万安生态鱼配送到上海、浙江、江苏及安徽的各大酒店饭店，预计全年销量达600万斤，产值7 500万元。此次战略合作协议的签署，标志着两山渔业与无锡五湖水产商行正式建立了长期稳定的合作关系。双方将以此为契机，进一步加强合作，实现资源共享、优势互补，共同推动万安湖鱼市场的快速发展。

2025年2月，万安县两山渔业公司与韶口乡两山资源运营公司正式签署"人放天养"试点合作协议，为万安县生态鱼产业发展注入强劲动力。两山渔业公司为养殖户提供水质管理、疫病防控等技术支持，引入现代化管理模式推动养殖规模化、标准化，提升产品质量与市场竞争力，实现渔业增效、农民增收。

江西省两山渔业有限公司通过生态养殖、标准建设、品牌营销与产业链拓展，全方位推动万安鱼产业发展，实现了生态产品价值的最大化。它的成功经验为其他生态渔业企业提供了可借鉴的发展模式，也为万安鱼产业持续繁荣注入了强大动力，成为万安鱼产业发展的标杆企业。

第二节 "以竹代塑"栽好一株"金钱竹"

竹子不仅是山林间的翠绿点缀，更是推动地方经济发展的金钥匙。在生态经济蓬勃兴起与"双碳"目标纵深推进的时代背景下，万安县选择"以竹代塑"的产业新赛道，开"竹"马力，做"竹"文章，引进江西天睿竹业有限公司和江西竹基产业发展有限公司。这是全省第一个"以竹代塑"全产业链示范项目。万安县被列入全国首批22个竹产业高质量发展示范县，正在全力书写"把小竹子做成大产业"的全新篇章。

一、资源禀赋铺就产业新赛道

万安县群山环绕，翠竹覆盖，形成了一片广袤的绿海。全县拥有毛竹林 36.5 万亩、6 149 万株，建成 9 万亩毛竹丰产林基地（如五丰镇、枧头镇等连片示范区），辐射 17 个乡镇 135 个村落，年出产毛竹 1 000 万株（年可采伐量 600 万—800 万根）。除毛竹外，还有刚竹、水竹、黄甜竹、花毛竹等 26 个竹类品种。万安利用资源禀赋做好“竹”产业文章。

一是洞察产业市场发展局势，发现自身优势。面对全球塑料污染治理的紧迫挑战，寻找绿色可持续的替代材料成为关键。竹子作为速生、可降解的生物质材料，是塑料的重要替代品。一段时间以来，小到一次性的饮料吸管，大到排水管道，在包装、建筑、运输、化工等众多领域，竹制品正在成为替代塑料制品的环保选择。“以竹代塑”兼顾生态效益和经济效益，不仅为治理塑料污染提供了新思路，也为竹资源富足地区“两山”转化提供了新契机。

二是纵观全国竹产业发展格局，躬身入局。万安县处于赣江中游，有着“黄金水道”的水运货道和较低的物流成本的优势。这样的区位十分有利于万安县联动赣州，背靠南康千亿级家具市场，辐射广东东莞、顺德家具市场，以家具板材、竹制家具及日用快消产品为主导，拓展生物提取、纳米碳等多联产品，有利于依托全竹利用，进行全产业链开发，打造多元产品类型。

万安县的资源禀赋和区位优势为“以竹代塑”奠定了坚实基础，“以竹代塑”的产业细分领域新风口正是万安县抢抓产业发展的新机遇，打破了毛竹利用的传统框架，踏上“以竹代塑”新赛道，在区域内走上“错位发展”新道路。深化跨区域协同，与安福县（竹家具）、井冈山（竹文旅）共建“赣中竹产业带”，避免同质竞争，选择差异化竞争策略，避开安福县竹家具、井冈山竹文旅的饱和赛道，专注竹代塑新材料的细分赛道。

二、顶层设计畅通发展新道路

万安县遵循“资源链—创新链—价值链”的价值创造思路，着眼于全产业链发展，出台《竹产业高质量发展三年行动方案》，设立“竹专班”红牌考核机制，将“以竹代塑”纳入全县重点项目，挂图作战，推进建设竹科技产业园（核心区规划面积 1 000 亩），促进全产业链闭环发展，打造“全竹利用”体系（见表 4–1）。

表 4–1 万安县“以竹代塑”全产业链闭环发展的重点内容和举措

顶层设计维度	重点内容和举措
政策链驱动	出台《竹产业高质量发展三年行动方案》，设立“竹专班”红牌考核机制，制定专项奖补政策，支持重点项目建设
科技链赋能	成立竹能源与碳材料科创中心，攻关竹纤维薄膜、竹基燃气等专利技术
园区平台支撑	打造竹科技产业园，完善配套支撑（主要是基础设施、标准化厂房、研发中心及仓储设施等），吸引企业入驻，落实全省首个“以竹代塑”全产业链示范项目，硬核支撑创建全国首批 22 个竹产业高质量发展示范县（万安县是入列县区之一）

一是完善产业发展机制，做好顶层架构。2019—2024 年，接连出台《万安县毛竹产业提升发展三年（2019—2021）行动实施方案》《万安县关于加快推进竹产业高质量发展实施意见（试行）》《2023 年毛竹示范基地升级改造项目实施方案》《关于将“以竹代塑”产品纳入政府采购支持范围的通知》和《万安县毛竹产业高质量发展三年（2024—2026）提升行动实施方案》，明确了对毛竹低改、笋竹两用林基地、竹林经营道路和竹林复合经营等方面给予奖补，高位推进产业发展。

二是围绕产业链健全政策链，重点是资金支持。万安县组建竹专班，沟通对接乡镇、施工单位和监理，统筹解决建设过程中的问题，将工作推进进度与年终考核结果挂钩，对工作推进不力的责任人进行赋红牌管理，深入乡镇，技术指导，项目对接，确保每一项政策都能落到实处。有人可以办事，有资金支持好办事，万安县设立竹产业发展基金。例如，三峡集团公司（国家确定的对口支援万安县单位）设立 850 万元竹产业发展基金，用于毛竹基地、竹林经营道路、笋竹两用林等项目建设。引导金融资本投入，为企业发展提供资金支持。2019—2023 年，政府投入产业发展资金 1 000 万元，购买 3 518.3 吨毛竹专用肥料，发放至全县 10 个乡镇（场），辐射竹林面积 7 万余亩。积极培育新型林业经营主体，推广“合作社 + 基地 + 农户”模式，聚合社会资本以租赁、入股、转让等形式参与竹资源培育，解决发展资金受限问题。

三是围绕产业链部署创新链，重点是创建成立竹能源与碳材料科创中心。“以竹代塑”产业涉及竹纤维提取、加工、制造等多个环节，能够推动竹产业向高端化、精细化方向发展，但亟待科技支撑。在国家林草局的支持下，万安县与国际竹藤中心合作建设科创中心，为产业发展提供技术研发和创新支持，推动竹纤维提取、加工等关键技术的突破，提高产品附加值，有力推进竹产业“产、学、研、用”深度融合创新体系建设。

三、竹产业园融合产业新业态

“以竹代塑”新赛道的做法是“以科技代传统、以集群代散养”，竹科技产业园系统集成“政策支持 + 平台支撑”，打好组合拳。竹科技产业园区实行“全链条集成 + 场景驱动 + 科技赋能”的系统集成发展模式，通过“竹林经营—精深加工—产品创新—场景应用”全产业链闭环，展开链式布局，即竹材—竹纤维—竹基复合材料—终端产品，覆盖上下游环节，落实全省首个“以竹代塑”全产业链示范项目，硬核支撑创建全国首批 22 个竹产业高质量发展示范县（万安县是入选县区之一），促进资源高效利用与价值链升级。

一是实施“延链、强链、补链”行动，培育壮大实体经济。成功引进了江西天睿竹业有限公司和江西竹基产业发展有限公司等链主企业，这是

图4-5　万安县毛竹

全省第一个"以竹代塑"全产业链示范项目。江西天睿竹业有限公司和江西竹基产业发展有限公司等链主企业，带动38家企业集群发展，谋求从竹资源培育到竹产品加工、销售的全产业链发展，基本形成了从竹资源培育、原料供应、竹纤维提取、竹纤维薄膜生产、竹纳米材料加工到产品销售的全产业链，一个集竹产品研发、竹文化展示、竹制品推广、"以竹代塑"全产业链发展的产业集聚区初显规模。

二是务求"全竹利用"，促进新业态融合发展。万安县竹产业科技园正在成为一个集研发、生产、仓储、销售于一体的绿色循环产业园区。目前，全县已初步形成了以毛竹资源培育为基础，以竹笋、竹根、竹枝、竹叶、竹屑等为加工原料，以竹材培育、竹笋食品、传统竹制品、新型竹制材料、竹制纤维等为主的全竹产业链，具备了一定的产业基础和产业配套能力。当前，竹产业总产值突破5亿元，竹产业从业人员达3万人。

三是以园区为支撑平台，落实全省首个"以竹代塑"全产业链示范项目，创建全国首批22个竹产业高质量发展示范县。万安以竹科技产业园为载体，打造全省首个"以竹代塑"全产业链示范项目，聚焦竹纤维深加工和可降解制品生产，核心目标是实现"全竹利用、全流程清洁化、全链高附加值"。

图4-6 万安县竹科技产业园效果图

图4-7 万安竹产业产品

图4-8 竹基复合材料

项目规划年产5万吨竹纤维薄膜、2万吨竹基复合材料，替代传统塑料包装、建筑模板等产品，减少碳排放并推动资源循环利用。创建竹产业高质量发展示范县，聚焦“扩规模、强链条、创品牌”，改造低效竹林10万亩，促进竹林提质增效；延伸竹产业链，从传统竹筷、竹席向竹纤维新材料、竹基复合材料转型，推动跨界融合和市场渗透；促进三产融合，开发竹林生态旅游（如涧田书院竹海研学基地）、竹文化IP（如“竹韵万安”文创产品），推动竹文化和旅游产业深度融合。

典型案例：万安"金钱竹"的蝶变

江西天睿竹业有限公司成为推动万安竹资源转化为经济优势的关键力量，其成功经验为万安竹产业的可持续发展提供了宝贵借鉴。投资方深耕竹产业30余年，荣获中国林产工业协会产业杰出贡献奖，拥有17项发明专利。2023年，万安县成功举办首届竹产业经验交流会暨招商推介会，天睿竹业借此平台与国内外同行交流。万安县政府与中国竹产业协会签订战略合作协议，还与国际竹藤中心合作成立竹能源与碳材料科创中心，进一步提升竹产业技术水平。天睿竹业作为精深竹产品生产企业，其入驻填补了万安精深竹产品加工的空白。企业先进的生产技术和设备，以及高品质竹制板材的生产，推动了万安县竹产业从传统的粗放型加工向精深加工、高附加值方向转变，促进了产业结构的优化升级。

江西天睿竹业有限公司凭借技术创新、产业布局、协同发展等多方面优势，在万安竹产业中取得显著成就，成为万安竹产业发展的标杆企业。其成功经验激励更多企业投身竹产业，为万安县将竹资源优势转化为经济优势，实现"两山"转化目标注入强大动力。

第三节 "高岭宿集"打好一套"文旅牌"

高岭宿集位于万安县五丰镇西元村高岭古村落，海拔约1 000米，被称为"天然氧吧"。万安县依托高岭古村落的自然山水、古银杏树林等自然资源，以及当地的农耕文化、民俗风情等人文资源，打造了独特的民宿产品，成功创建省3A级乡村旅游点、全市优秀旅游民宿。作为示范性文旅项目，高岭宿集是万安县文旅发展的核心引爆点，以宿集为流量入口，通过景区联盟、产业延伸、经验复制重构全域文旅生态，实现了"破圈带动全县”的蝴蝶效应。

一、高岭不只有千年银杏

高岭宿集位于江西省吉安市万安县五丰镇西元村古村落，是一个集乡村旅游、民宿体验、自然教育于一体的综合性景区。这里仿若世外桃源，生态环境得天独厚，满目葱茏，清幽宜人。百余棵银杏树错落分布，如同金色的华盖星罗棋布，为整个景区增添了一抹如梦似幻的色彩。尤为引人注目的是，其中树龄超500年的银杏树多达25棵，形成了罕见的银杏树群——高岭宿集IP。这是稀缺性资源，不可复制，无可替代。它们宛如岁月的守望者，静静伫立，承载着历史的厚重。每到秋季，满树金黄，落叶缤纷，极具震撼人心的观赏价值，吸引着无数游客慕名而来，沉醉于这一方诗意天地。

千年银杏是高岭的引爆点，但是，高岭不是只有银杏，而是拥有一个新民宿新业态集群，所以名曰“高岭宿集”。

图4-9 五丰镇西元村高岭民宿秋景

图4-10　高岭宿集

一是让民宿亲近自然。当地依托高岭古村落独特的自然景观，在不破坏村庄原貌的前提下，充分保留乡风、乡情和乡愁，按照4A级景区标准，由国内知名设计团队高标准规划，累计投资6 000余万元建设了18栋民宿、53间客房。

二是让民宿不"孤单"。在保留高岭古村最原生态风貌的同时，巧妙利用村庄空闲地、宅基地和山林地势，新建了游客中心、农创中心、景区道路等配套设施。利用景区内梯田，栽种油菜等观赏性植物，打造层层叠叠、满目金黄的"金色花海"，留住乡村文脉和记忆，给游客提供了"春赏油菜花开、夏听泉水叮咚、秋览金黄杏叶、冬可登高望远"的全周期旅游体验。

三是让民宿汇聚多元业态。为进一步丰富旅游业态，景区还开发了玻璃餐厅、网红高空景观栈道、观光电梯及山顶无边泳池等设施，提供了茶艺表演、图书阅览、自助订餐等服务，高岭宿集就像是一个坐落在高岭乡间的五星级宾馆。

二、引进专业团队运营

酒香也怕巷子深，为打造品牌，高岭宿集引入浙江"借宿"团队入驻运营，使专业运营赋能当地资源。

第一，入乡随俗，向下扎根。该团队以西元村独特的自然风貌、农耕文化、风土人情、建筑特色为基础，结合旅游市场分析，对村庄进行整体规划，明确将村庄定位为高端休闲旅游度假区，致力于将其打造成一个承载乡村振兴理念、融合极致民宿品牌文化与乡村风情的民宿村落，满足中高端商务、社交、度假、会议、培训、科普和研学等多样化需求。

第二，创造需求，引爆潜力。该团队凭借其专业的运营管理经验，对高岭宿集进行全方位的管理和服务，包括客房管理、餐饮服务、活动策划等，确保了运营的高效和有序。该团队特别注重文化体验，结合当地特色设计差异化体验，深度挖掘当地的历史文化和民俗风情，将其融入民宿的设计、装饰和服务中，为游客提供一种深度的文化体验，增强了高岭宿集的吸引力。始终将客户的体验放在首位，从客户的需求出发，提供个性化的服务和贴心的温暖。结合不同季节和节日，推出多样化的主题活动和体验项目，比如秋季银杏节、冬季康养活动等，还增加亲子、研学等特色产品，吸引不同需求的客户。以古银杏为核心，策划“两天一夜沉浸式生态之旅”，融合“推窗见云海、星空篝火宴、银杏林汉服秀”等场景，让游客自发在社交平台晒图配文“住进山水屏保”，形成现象级传播，让游客从“打卡式”游览转变为深度体验，真正让流量转化为“留量”。旺季推出“银杏嘉年华”，结合市集、摄影大赛、非遗展演（如万安鲤鱼灯表演），单日吸引游客超 3 000 人次，民宿预订须提前 60 天。这种引爆流量的思路是用极致场景取代广告投放，以沉浸式体验激活用户自发传播，从单一住宿向“宿集＋康养＋研学＋艺术”的系统集成式跃迁，用高频场景迭代低频消费，形成了稳定的客户群体和口碑传播效应。

第三，合作营销，抱团发展。该团队与周边景区、旅行社等合作，通过“游客互送、资源互享、宣传互推、政策互优”的联动机制，推出联合旅游产品和线路，实现客源共享。通过跨界品牌联名，与央视《三餐四季》合作推出“万安鱼头＋银杏民宿”专题，节目播出后搜索量激增 200%。把万安鱼头、农民画等非遗植入民宿体验，开发银杏茶宴、农耕研学等衍生消费，二次消费占比达 40%。

三、空心村变成网红村

高岭宿集是一个因为贫困而建的民宿，也是因为银杏而引人注目的村落。由于地理位置的原因，这个小村落藏在深山无人知，发展也相对落后，久而久之就变成了贫困村。如今，通过民宿项目带动发展，贫困村变成了网红村。

2020 年前，由于地处偏僻，交通不便，高岭自然村整村 28 户农户中的 26 户已外迁，仅剩 2 户老人居住，是一个名副其实的“空心村”。其中，25 栋房屋多年无人居住，出现屋顶漏水、排水不畅浸泡屋脚导致房屋倒塌

图4-11　高岭宿集核心区分布

等问题，整个村庄呈现出萧条、衰败的景象。

首先，高岭宿集是旅游扶贫项目之一，为当地老百姓脱贫致富带来了新希望。2020 年，万安县与中国长江三峡集团、中国扶贫基金会共同发起了"百美村宿"项目建设，大力推进宅改工作，村中 25 栋土坯房，其中 16 栋主体结构损坏，属于 D 级危房，没有维修价值，因此进行拆除重建，剩下 9 栋在原有风貌的基础上进行提升，统一按民宿风格修复，留下记忆，保留乡愁，将村庄打造成省市有名的"乡村旅游 + 民宿"景区。

其次，坚持"发展为民"的理念，该项目采用企业、村集体、农户"三方得利"融合发展模式。其主要做法是，村里成立了万安县西元村高岭乡村休闲专业合作社，高岭小组有 19 户村民签订协议入社，并带动周边 3 户村民申请加入，入社村民以自家承包耕地、房屋及宅基地使用权入股，折算成出资资金，由合作社作为市场主体整合零散土地要素资源投入高岭景区开发，按照"村党支部 + 合作社 + 公司"的模式运营，一期合作期限 20 年。入股收益每年达到 10 万元以上，并按照 5∶3∶1∶1 的比例进行分成，其中入股群众 50%、村集体公益性事业 30%、扶贫培训 10%、村合作社日常管理 10%，切实保障入股社员的资产性收益。为保障村民的宅基地权益，合作社与农户签订补充协议，约定因景区建设需要拆除农户原有房屋后，农户不失去宅基地使用权，施工方必须在房屋原址上新建不小于原宅基地面积的新房，新建的房屋的所有权始终属于农户，给农户吃下一颗“定心丸”。

第三，在项目实施和后期运营方面，采用景区和农户融合发展模式。村民以土地、务工等形式加入合作社，合作社每年从景区获得保底分红以及景区运营所得收入分红（分红资金惠及全村农户）。不仅如此，房屋流转改造民宿政府还补贴 3.5 万元，30 亩林地流转又补贴了 3.6 万元，加上合作社的分红，生态旅游“杏”福路越走越宽。

曾经的空心村，如今成为远近闻名的网红村。高岭民宿项目解决了当地 30 多人的就业问题，每年带动合作社销售当地农副产品约 50 万元，带动周边农户增收 70 余万元，增强了村集体的经济实力，使其蝶变为经济强村。

四、高岭破圈带动全县出圈

高岭宿集只是万安县乡村旅游出圈的一个缩影。近年来，万安县将旅游业定位为县域经济增长的支柱型产业，以赣江为主轴，串联特色山水人文资源，不断塑造文旅品牌，推进文旅深度融合，是“文旅旺县”战略的生动诠释。

第一，勾勒山水线条，描绘旅游画卷。山好水好、生态资源禀赋是万安显著的特征。烟波浩渺的万安湖，被誉为千里赣江最美的一段；县中心城区空气质量优于二级标准；全县有林地 224.7 万亩，森林覆盖率达 71.81%，是省级森林城市……依托丰厚的“生态家底”，万安坚持重点景区引领、旅游集聚区辐射、乡村旅游点联动的全域旅游发展思路，巧打生态牌，一个个彰显生态特色的旅游景区精彩布点，连珠成串。

第二，融入文化之魂，厚植人文底蕴。主动融入“大井冈”红色旅游圈，加快推进万安长征国家文化公园建设，先后打造了罗塘村、晓东村、兰田村等 10 个红色名村，提升改造了康克清故居片区、曾天宇故居和万安暴动行动委员会旧址等红色阵地，建设了红色走读和青少年研学基地，不断擦亮红色名片。将红色资源连线成面，打造红色旅游目的地，红色旅游集聚度不断提升，创建了中央红色名村 1 个、省级红色名村 4 个、市级红色名村 5 个。推进文旅深度融合，通过挖掘农民画、元宵唱船、儿郎灯、麒麟狮象灯等优秀民俗传统文化，挖掘万安鱼文化底蕴，万安文旅品牌越叫越响。深入开展非物质文化遗产挖掘和保护，将万安百鱼宴、鲤鱼灯、太平灯、花船舞、麒麟狮象灯等各类非遗表演融入各类节庆赛事，挖掘宋代古城墙、十八滩文化等历史文化资源，打造独具特色的"赣江十八滩文化"体验景点。深耕"安"文化品牌，推出"吾心归处是万安"和"来到万安和美心安"等一批文旅宣传口号，创作《心安万安》《筑梦万安》等歌曲。

第三，打造文旅品牌，铺就致富道路。按照全市"打造世界红色旅游目的地、国际知名旅游休闲度假区"发展定位，围绕赣江中游生态经济带建设，聘请了国内一流的规划设计团队修编全县全域旅游规划，并以 81 公里赣江万安段为中心，串联现有景区景点，系统谋划万安湖、长征国家文化公园（万安段）、夏源古村等一批文旅重大项目建设。坚持"季季有主题、月月有活动"的理念，以"安享游"体验为核心，创新节庆、文旅模式推动文旅融合。"油菜花节""硒茶采摘节""万安鱼头厨王争霸赛（春、夏、秋、冬赛）""龙舟文化节""脐橙采摘节""银杏嘉年华""佩溪晒冬"等系列文旅营销活动频频"出圈"，一年四季不同主题的文化旅游节庆活动，成为万安的一抹亮色。推出了土特产和一批特色文创产品，开发富硒大米、富硒橙、富硒柚等农旅产品，深挖"万安鱼宴"、银杏文化、农民画等特色文化资源，助推旅游消费升级。

近年来，该县先后获评"中国农民画之乡""中国唱船文化之乡"，共有非遗保护项目 35 个；成功创建国家 3A 级以上旅游景区 4 个，省 3A 级以上乡村旅游点 7 个，形成了"点上示范、多点开花"的全域旅游发展新格局。2024 年，全县接待游客突破 840 万人次，旅游总收入突破 65 亿元，为县域经济发展注入强大活力。

经验启示

万安县坚持以生态为本、产业为基、机制为要，探索出一条生态价值转化与乡村振兴深度融合的创新路径，积累了具有推广价值的发展经验。

一是依托生态优势，构建绿色产业体系。“人放天养”生态渔业模式绝非简单的养殖迁移，而是依托万安湖作为赣江生态屏障的天然优势——清澈水质、适宜水温与丰富浮游生物，构建起从鱼种繁育、生态养殖到巨网捕捞、精深加工、渔旅融合的全链条生态渔业体系。生态鱼头的品质和市场认同度，成为绿水青山就是金山银山理念的生动实践。

二是“以竹代塑”探索资源变现，打造可复制“万安样本”。推动竹产业全链条升级，构建以“政策撬动、科技赋能、全链增值、生态变现”为核心的发展路径，从规模化竹林资源出发，突破“卖原竹”的初级阶段，通过科技创新延伸至精深加工与技术输出，形成“资源全利用、服务全集成、市场全绑定”的产业集群。这种从资源到产业、从产品到技术的跨越，不仅让“小竹子做成大产业”，更构建起生态价值持续释放的绿色闭环，成为“两山”转化的鲜活范例。

三是“资源资本化＋运营专业化”，激活乡村振兴新动能。高岭宿集项目通过“三峡集团＋中国扶贫基金会＋专业运营团队＋地方政府”四方协作，构建了“资源变资产、村民变股民、分红变现金”的利益联结模式，实现了生态资源的产业化、市场化和持续化。其核心不在于单一资源的独特性，而在于“三方得利”的制度设计与“宿集＋”业态组合，实现从“流量”到“留量”、从“网红”到“长红”的跨越式发展，成为民宿经济与乡村振兴融合的成功范例。

第五章

实体化运营转化　提高生态价值转化效率

让绿水流“金”，青山有“价”，关键在“变现”，出路在盘活“沉睡”的生态资源，加快流动和转化。万安县率先组建县级两山集团有限公司，建立完善“1+1+4”“两山”转化模式和“1+6+N”“两山”运营体系，实体化组织“两山”运营。

第一节　创新“赛马”机制：盘活闲散生态资源

乡镇是万安县“两山”转化攻坚战的主战场，其中武术乡、宝山乡、高陂镇等 11 个乡镇是省级生态乡镇。万安县通过平台支撑、村企合作、产业共建、技术支持、品牌建设等方式，探索挖掘闲置的、碎片化的生态资源，创建乡镇两山资源运营有限公司，已完成 17 家乡镇两山公司的注册，实现县域全覆盖，在乡镇之间形成了“赛马”机制，激活了乡镇和村集体、民间资本的活力，促进了本地经济与环境和谐共生，实现了经济效益与生态效益的双赢。

一、打造乡镇“两山转化”样板田

全力开展乡镇“两山”运营公司组建工作。力争将当地丰富的生态资

图5-1　万安两山集团

源转化为经济发展优势，深入探索一条可复制、高质量、可持续的乡村振兴和共同富裕相融合的新路径，奋力打造“两山”转化样板田。推进乡镇两山公司组建科学化、规范化、制度化，指导各乡镇拟定“两山”转化运营公司组建方案，统计乡镇内可划拨至“两山”转化运营公司的相关资源，明确发展方向，谋划好相关发展项目。搭建乡镇“两山”转化运营公司架构，按审议批准后的方案制定（修改）公司章程，对法人治理结构进行调整，按照《中华人民共和国公司法》《中华人民共和国公司登记管理条例》等相关规定进行工商变更登记，实现两山公司经营运行规范有序。

二、完善“企业＋集体＋合作社＋村民”利益链接模式

整合集体资源。安排各乡镇对辖区内现有村集体资源进行全面摸底登记、测绘评估，录入智慧“两山”平台进行登记建卡，遴选产业基础好、经济效益好、有成长潜力、无债务债权纠纷、可持续发展的优良资产交由两山公司统筹开发。

整合政府资源。各乡镇对能形成资产的投资进行评估、统筹整合，推动涉农整合资金、各级帮扶资金等政府资源转化为“两山”转化运营公司资产，用于支持“两山”转化运营公司农业产业、乡村旅游等方面的建设，

为培育壮大"两山"转化运营公司精准赋能。

三、两山公司助力乡镇产业振兴

盘活乡村沉睡资产。通过"两山"转化运营公司的科学管理和合理开发，积极开展生态修复和环境治理工程，加大生态保护力度，改善全县生态环境，实现资源的可持续利用。通过集中整合资源，实现生态资源资产统一规划、统一管控、统一开发，更好地发展绿色产业，推动乡镇经济的多元化和可持续发展，为全县农民创造新的就业机会，让村民在家门口就能增收致富。

图5-2　万安县富硒农产品直播基地

拓展"两山"转化渠道兴业富民。全县各乡镇引导 3 000 余户农户加入两山公司产业链条，实现联企带农收益共 7 090 余万元，其中农业板块助农销售农产品 700 余吨，销售额 1 500 余万元；林业板块提供就业岗位 80 个，解决了 1 500 余人的就业问题；水利板块助推乡镇生态鱼养殖扩面 1 500 余亩；文旅板块为全县果农累计销售硒果 150 万余斤；数字板块开展助农直播 200 余场，带动销售 2 000 余万元。同时，引导群众参与清洁能源开发项目建设，村级光伏电站装机容量 100 千瓦，年发电收益近 700 万元，1.1 万户群众从中受益。韶口渔光互补光伏项目共吸纳当地 113 户脱贫劳动力就业，每年每户增收 1.3 万元。

典型案例：枧头镇南洲村农业产业化之路

该村率先成立村级两山公司，整合"荒、闲、散"多方资源，谋求本村生态资源高效利用与本土化发展，大力发展村集体产业，特别是白莲种植与加工，走出了一条特色鲜明的农业产业化之路，蹚出了一条以“生态绿”带动“一方富”的新路子。

早在2018年，南洲村村干部及村民们就带着对美好生活的向往，远赴广昌和永丰等地，虚心学习先进的白莲种植技术。归来后，他们结合本村实际，充分利用当地丰富的水资源和肥沃的土地，逐步扩大白莲种植面积，从最初的60亩增长至如今的150多亩。这一过程中，村民们不仅掌握了科学的种植方法，还在实践中不断摸索，形成了一套适合本地气候和土壤条件的种植管理体系，为白莲的高产优质奠定了坚实的基础。

为进一步提升白莲产业附加值，南洲村在今年继续加大投入，新建一座300多平方米的标准化厂房，引进价值8万多元的剥皮机等加工设备。这不仅大大提高了白莲的加工效率，还保证了产品的品质与卫生，实现了从田间到餐桌的全程可追溯。

2022年，南洲村白莲产业迎来重大转机，在江西润田实业股份有限公司的帮助下，借助润田的品牌影响力和市场渠道，南洲村白莲销量实现了较大增长，市场反响良好。随着生产经营许可证的顺利办理，南洲村白莲正式进入商超销售渠道，进一步拓宽了市场覆盖面，为村民增收致富开辟了新途径。

南洲村白莲产业的蓬勃发展，是万安县枧头镇乡村振兴战略实施的一个缩影。它不仅为当地村民带来了实实在在的经济收益，更为乡村产业转型升级提供了宝贵经验。南洲村党支部书记表示，将继续坚持绿色发展理念，深化与企业的合作交流，不断提升产品质量和品牌影响力，努力将白莲产业打造成乡村振兴的亮丽名片，让更多的村民共享产业发展带来的红利。

该村聚焦村级“六个一”，大力发展村集体产业，村里种植了150亩白莲，形成了集种植、加工、销售、观光、采摘于一体的产业链，借助润田实业的销售渠道，每年可以为村集体增收20万元左右，带动更多村民增收致富。

第二节　拓展“跑马”机制：创建县域合作平台

县级两山平台公司，创新“1+1+4”机制，建立“1+6+N”运营体系，统一“跑马”机制，打好“组合拳”，实现了生态产品数字化登记、收储、分析、交易和管理的“一条龙”服务，推动全县生态资源“化零为整”，促进生态产品“价值变现”。

一、做实平台支撑

针对生态资源零散、分散的问题，成立县级两山平台公司，为全县提供平台支撑保障和体制机制保障。

强化要素保障，大胆创新“1+1+4”工作机制。建立一个资源库和智慧管理平台，强化智库、人才、资金、市场四个要素保障，其做法是：(1)壮大“两山”转化专业人才队伍。抽调47名精干人员，组建4个工作专班；联合江西省乡村产业振兴协会，聘请中国财政科学研究院等领域的相关专家20人，成立两山转化研究院，下设智库、业务中心、支持中心，以智

图5-3　两山转化研究院揭牌仪式

图5-4　“两山”优选商超

库专家挂项目模式，对“两山”转化项目进行全生命周期指导和管理；成立“两山”学院，主动对接高校、专业机构，对从业人员进行业务培训，培养“两山”转化专业人才，2024年共培训800余人次。（2）健全调度机制。建立县委、县政府主要领导每月调度、分管领导每周调度、部门定期联席会商工作机制；与县两山公司签订全年营收和利润目标责任状，下达任务清单，将工作细化到天、到周、到月、到季；坚持每周工作“红黄绿”三色预警，定期进行业绩晾晒，倒逼责任落实。

健全组织架构，建立“1+6+N”运营体系。通过整体布局，加强规范管理，实行绩效管理，其做法是：（1）建立“1+6+N”运营体系，搭好交易平台。以县两山集团公司为主体“1”，设立农业产业、林业发展、水资源开发、文化旅游、交通运输、数字经济等“6”大业务板块，设立实体经营公司，涵盖农业产业、文化旅游、交通运输、数字经济等多个领域，联动文旅、餐饮、生态鱼养殖、富硒农产品、国土绿化和水利等“N”家实体化企业（目前18家），建立线下富硒农产品展示馆、旗舰店、“两山”优选商超，推进生态产品交易变现。通过“两山”转化运营平台，促进生态产品供给方与需求方、资源方与投资方高效对接，解决生态资源、生态产品难度量、难抵押、难交易、难变现等问题。目前万安县"两山"集团公司及其下属子公司累计完成企业入规 6 家。（2）提质增效，实行绩效管理。建立员工绩效薪酬体系和考核机制，完善外部董事选聘、管理和考评制度，推动"铁工资"向"活薪酬"转变。坚持以业绩论英雄，不断提升经理层的经营管理能力，对不担当、不作为、工作不实、作风散漫的人员，按照"红黄牌"管理要求进行赋牌管理，做到以督促改；对赋牌后仍整改不到位的干部，及时进行岗位调整或职级改任，实现能上能下。在目标责任制的驱动下，自 2022 年 4 月运营以来，万安两山集团实现营收 5.4 亿元。

二、做好"资产包"

针对生态资源"底数不清、产权不明"的问题，全面摸清生态资源底数，统一收储和评估资源，"化零为整"做好"资产包"，推动资源变资产和价值变现。

摸清底数。万安县组织自然资源、林业、生态、农业、文旅等重点部门，成立专班，下沉一线，全面摸底调查辖区内的国有土地、矿产、森林、

图5-5 "两山"生态资源转化展厅

湿地等生态资源的数量、质量、分布、权属、保护和开发利用状况，建立和完善耕地、林地、水域、园地、砂石、矿山、“两品一标”农业品牌等生态资源数据库。对全县林业资源、水资源、湿地、公园绿地、矿山等 13 大类 21 分项重点生态资源开展全面摸底调查，并建立台账。

确权登记。万安县深化生态资源产权制度改革，完善全民所有自然资源资产所有权委托代理机制，明确境内土地、矿产、森林、湿地、水资源等的自然种类、履职主体、所有者职责和确立依据，扎实开展自然资源统一确权登记，目前已完成资源摸底 54.9 万宗、确权 53.9 万宗。其中上级下达的 18 个登记单元完成确权登记，并通过省级验收。扩大收储资源转化乘数。依托县两山公司平台，完成良种场、44 座万安湖库汊、夏木塘景区、5 272 亩后备湿地等生态资源的收储工作，价值 63.2 亿元。

统一评估和收储。以县两山集团有限公司为主体，全面摸排登记生态资源资产 1 760 余处，覆盖县域内 53 大类 192 分项，GEP 总评估价值超 100 亿元。在评估的基础上，统一收储林地、后备湿地、山塘水库等生态资源，并录入县“两山”生态资源智慧管理平台，推进“碎片化”生态资源“集约化”管理。依托县“两山”生态资源库，建立万安“两山”数据运营智慧平台，屏对屏提供产品在线展示、在线交易、竞拍等功能，推动生态产品供给方与需求方、资源方与投资方高效对接。

化零为整，整合资源。对收储的资源进行进一步的整合，按照“政府主导、市场化运作”的原则，通过特许经营、资产划拨、租赁入股、合作开发等方式，依托两山集团统筹收储林地、后备湿地、山塘水库等生态资源，形成“1+1＞2”的优质生态“资产包”。2024 年，完成项目转化 20 个，转化金额 11 亿元，其中“一江鲜”商标所有权转让为“吉安市生态资源交易平台”首单产品交易；创新成立万安县湿地资源运营中心，实行占用湿地“先补后占，占补平衡”，探索湿地保护修复新模式，完成 8 起湿地“占补平衡”指标交易，交易总金额 911 万元。

三、赋能"产业链"

针对生态资源交易难、变现难的问题，健全生态交易链，推动生态资产向生态资本转变。为了赋能各乡镇、养殖场和林场等实体高质量发展，建立健全生态产业链赋能体系。

图5-6　"VEP+生态鱼项目贷"签约仪式

科研拓链。加强科研平台建设，创建"平台+产业+基地"模式，推动生态产业种养、加工、生产全过程标准化。成立县"两山"转化经济研究中心，聘请中国财政科学研究院等院所的20名生态领域专家组成智库，分别链接一批产业基地、产业项目，深度介入产业谋划、培育、开发。联合江西农业大学建立"万安富硒产业研究院"，成立专家工作站4个，加强富硒产品研究。对接国际竹藤中心组建"江西省竹基材料研究院"，构建"1个院士+10个高级专家+100个研究生"的科研团队，助推竹产业高质量发展。

图5-7　"两山公司"富硒大米

金融活链。创新推出富硒贷、蔬菜贷、赣农振兴贷等生态金融产品，全面推广生态鱼养殖贷、林权抵押贷、国有林场林权抵押贷、林地信托抵押贷等金融服务，探索“普惠+公益林（天然商品林补偿收益权质押贷）”融合发展模式，为生态产业发展注入金融“活水”；已发放全省首笔“VEP+生态鱼项目贷”700万元，绿色贷款余额突破50亿元。

品牌强链。积极融入“井冈山”区域公用品牌建设，建立“政府扶持、企业带动、基地示范”品牌培育机制，制定出台《万安县现代农业产业发展奖补扶持办法》，打造“井冈山区域品牌+绿色富硒品牌+企业子品牌”生态农产品品牌体系；完成36家经营主体76个产品获富硒认证，9家企业的24个产品获评“全国富硒好产品”，培育出“一江秋”富硒大米、“富晶”果业、“忆庐陵”红茶等品牌。

第三节 探索“战马”机制：扩大区域目标市场

为有效激活生态资源价值，村、乡、县三级两山公司创新性地构建了“肩并肩抱团发展、手牵手走出去”的联动机制。通过层级协同、整合资源、统一品牌与标准，形成“抱团”效应，显著提升了生态产品的规模与品牌竞争力；同时，主动“牵手”外部市场，积极对接大型商超、电商平台、区域展销会乃至域外订单，多元化拓展营销网络，成功打通了“绿水青山”向“金山银山”转化的市场通道，显著拓宽了生态产品的销售渠道与溢价空间。

一、打造“两山”优选电商平台

通过成立“两山”优选电子商务有限公司和电商平台，建立农产品直播基地，在京东、天猫、淘宝等平台开设农产品旗舰店。每个乡镇打造一个直播间，建立万安富硒等生态产品直播基地，主要营销“万安优品”“心安万安”两个自主品牌，推动全县300余种优势生态农产品走向全国。目前，线上农产品销售额5 600余万元。

图5-8　万安县2025年十百千万“新春报硒·品鉴万安”网上年货节

二、拓宽销售渠道

图5-9　万安直播电商运营中心

全面梳理各类优势农产品的存量和产量，建立生态产品目录清单，收集汇总各类优势农产品300余种，聘请第三方专业公司进行包装设计，由县两山集团公司统一收集、统一加工、统一包装、统一营销。积极搭建线上线下销售网络。线上成立万安“两山”优选电子商务公司，自主开发“两山”优选微信小程序，打造“两山”优选电商平台直播带货，在京东、天猫、淘宝、拼多多、美团、三峡e购等平台开设万安优品旗舰店，2023年线上营收实现2 000余万元。

三、主动“走出去”

线下自建“两山”优选商超以及万安特产O2O体验馆，主动参与各类农特产品展销，并在广州、井冈山、吉安、赣州、南昌等地建立了富硒农产品直营旗舰店，在江苏无锡建立万安湖鱼市场运营中心，直接对接江浙市场。整合优质生鲜果蔬等生态产品供应，完善电商产业推广、销售、发货、售后全程自主经营模式，连接长三角和大湾区的天虹、大润发、盒马等大型商超市场，做旺产品销售，促进农民增收。县两山渔业公司生产的万安·湖鱼（四大家鱼）获得有机产品认证和绿色食品认证，畅销江西、江苏、东莞等地，成为市场认可的优质品牌。

江西省两山渔业有限公司以省内吉安、赣州、南昌以及省外大湾区、长三角为重点销售区域，已形成稳定的商超渠道销售模式。在生态鱼品牌建设上，万安县完成了农产品地理标志申请、有机产品及绿色产品认证等，同时完成了深圳标准“圳品认证”、供港资质认证等，进入广州、深圳、上海及香港、澳门“菜篮子”基地名单，在大湾区、长三角具有一定的品牌影响力。

深耕特色，打造“旗舰店”消费新场景。万安用“新”提升消费能级，发展旗舰店经济。旗舰店经济商圈不断壮大，消费活力不断激发，品牌影响力不断增强。持续强化政策引领、企业培育、营销宣传，抓好扶持政策、品牌形象、产品质量、管理服务等关键环节多元建店，通过协会授权建店、

图5-10　富硒农产品直营旗舰店

图5-11　万安湖鱼广东配送中心

生产商建店、加盟合作建店等多种方式，立足"本地圈"建一批，辐射"周边市"建一批，进军"北上广"建一批。

又是一个里程碑，万安生态鱼"游"往大湾区。万安县持续做大生态鱼产业，万安湖生态鱼获国家绿色食品认证。自 2024 年 12 月起，万安湖鱼正式进入大湾区市场，新增鱼头旗舰店 6 家，其中在东莞天堂围水产批发市场内建立了万安湖鱼广东配送中心。该配送中心拥有强大的仓储能力，能够一次性容纳高达 3 万斤的鱼类产品。其建立不仅为万安湖鱼提供了坚实的物流支持，还进一步增强了产品在市场上的竞争力。依托该配送中心，产品能够更快地送达消费者手中，最大限度地保证了产品的鲜度与品质，确保每一位品尝者都能体验到源自万安的纯净与鲜美。同时，该配送中心引入了一系列先进的管理技术，从入库、分拣到出库，每一步都经过精心规划与优化，确保整个供应链的流畅与高效，进而提升了万安湖鱼的品牌形象与市场竞争力。

经验启示

万安县依托两山平台公司，对碎片化生态资源进行规模化收储、专业化整合、市场化运作，打通了“资源—资产—资本—资金”转化通道的“最后一公里”，走出了生态产品价值实现的“万安路径”。通过两山公司引领的一系列改革探索，生态资源运营实现专业化，生态产业发展实现规模化，生态价值转化实现共享化，推动资源变资产、资产变资本、资本变资金，实现了“生态佳”向“生态+”的生动演变。

实体化运作平台是“两山”转化的重要载体、桥梁和操作枢纽。万安县在全市率先组建县两山集团公司，探索“1+1+4”“两山”转化万安模式，全方位、多角度探索“两山”转化通道，对全县生态资源进行规模化收储、专业化经营、市场化运作，涉及电子商务、文化传媒、农产品配送等行业。与科技公司合作研发万安“两山”资源智慧管理平台，对全县域生态产品进行数字化登记、收储、分析、交易和管理，屏对屏提供在线展示、在线交易、竞拍等功能，推进生态产品供给方与需求方、资源方与投资方高效对接。打造产品销售平台，全面梳理各类优势生态农产品300余种，建立“万安特产O2O体验馆”，创建“万安优品”“心安万安”两款自主农产品品牌，成立万安“两山”优选电子商务有限公司，打造“两山优选”电商平台，建立农产品直播基地，在京东、天猫、淘宝等平台开设农产品旗舰店，建立抖音、微信视频号等新媒体直播销售渠道。

体制机制在“两山”转化中具有基础性、根本性和长远性作用。万安县形成了“三马同场、策马前进”的共同发展机制（即“赛马”机制+“跑马”机制+“战马”机制），开创了“有效市场、有为政府、有序社会”你追我赶的良好局面，呈现出“向下扎根，向上生长”的发展态势。摸索出“1+1+4”工作机制（一个资源数据库、一个中心、四要素），立足万安丰富生态资源，依托运营平台，以智库、人才、资金、市场四要素资源为抓手，支撑乡镇盘活农业、林业、水利、文化、旅游等领域的资产资源；对有集中开发经营价值的资源资产进行摸底、确权、评估，分类制定收储标准，由县两山公司以租赁、入股等形式集中收储，实现资源登记收储、转化提升、市场化交易、可持续性运营。

第六章

品牌化锻造优势　擦亮生态产品价值标识

品牌建设是推动“绿水青山”向“金山银山”转化的重要手段。万安县把做大做响绿色生态品牌作为生态产品价值实现的重要突破点，推动从生态资源强县向生态品牌强县跨越。依托自身独特资源优势，重点打造万安湖生态有机鱼品牌、“一江秋”富硒大米等特色农产品品牌、赣鄱竹韵文化 IP，“心安万安”品牌更加响亮。

第一节　破茧：生态资源向“心安万安”品牌聚变

万安县拥有优质水源、富硒土壤、广袤竹林等生态资源，具备得天独厚的绿色发展基础。围绕特色水产品构建生态养殖标准体系、开发富硒高附加值农产品集群、创新“以竹代塑”全产业生态链，突破县域经济发展瓶颈、激活内生动力，让生态资源真正成为万安高质量发展的核心引擎。

一、唱响生态鱼品牌　迸发商文旅活力

1. 构建可持续渔业生态，夯实产业发展根基

在消费绿色转型的背景下，万安鱼头跳出传统农产品的竞争市场，以“生态价值”为核心重构品牌基因。近年来，当地以一条鱼为纽带，串联

图6-1 万安"人放天养"模式

起生态养殖、美食创新和旅游体验，打造独具特色的"生态鱼+"发展模式，不仅让传统渔业焕发新生，更以文旅融合之势激活区域经济活力，走出了一条"绿水青山"转化为"金山银山"的生动实践之路。

构建可持续发展的渔业生态系统，创新推出"人放天养"新模式，为渔业产业发展进入新赛道奠定资源基础。县域内已建成12个生态养殖基地，形成"春放鱼苗、夏观鱼跃、秋收渔获"的渔业可持续发展模式。在蕉源水库、芦源水库采取"人放天养""接力养""捕大留小""轮捕轮放"等生态养殖方式，将万安水产科技示范园作为鱼苗繁育基地，繁殖玻璃红鲤鱼及鲢、鳙生态鱼苗，建立从鱼苗育种到联合生产再到统一收购的万安生态鱼产业链模式，促进万安生态鱼养殖提质增效。

当地以万安鱼头为核心，不断创新研发全鱼宴系列菜品，系统构建"春鲜夏养，秋宴冬补"四季全鱼宴体系。联合水产专家、非遗传承人和餐饮企业，对传统鱼宴进行系统性创新，推出涵盖八大主菜、十二道配菜的全鱼宴。根据年龄、消费层次以及饮食需求，制定不同套餐，并分类配备当地特色富硒黄金茶、富硒果、百嘉米酒等，满足不同消费者的需求。根据季节变化，采取“万安鱼头＋当季鱼＋时令蔬果”的方式，推出春鱼宴、夏鱼宴、秋鱼宴和冬鱼宴。

2. 打造全链条渔业品牌，推动产业融合发展

建立健全生态渔业捕捞及利益链接机制，拓展精深加工产业、做强渔旅融合业态，构建多元化、高附加值的渔业价值链，唱响“万安湖”品牌，推动全县渔业产业高质量发展。以“万安鱼头”品牌优势为抓手，培育全链条产业，积极拓展渔业深加工、旅游与文化相结合的多元化发展。让“万安鱼头鲜天下”“到万安就要吃鱼头，吃鱼头就要到万安”等口号传得更远，让“享用一席鱼、常来一座城”的理念更新，打造以万安鱼头为主的美食文化品牌，促进特色美食和乡村旅游深度融合，赋能地方经济高质量发展，倒逼产业链升级。

为全面唱响“万安生态鱼”特色品牌，举办了生态鱼烹饪大赛，发掘

图6-2 渔民捕捞生态鱼

图6-3　举办生态鱼烹饪大赛

研制"红烧万安鱼头"等特色菜肴，发展生态鱼养殖、烹饪工艺等产业，创建"万安生态鱼"区域公用品牌，推进万安生态鱼 GAP 认证。在井冈山等地开设了万安鱼头旗舰店、示范店，用生态食材支撑"美食万安"，以文化匠心打造舌尖 IP，让最具特色的舌尖记忆赋能文旅产业发展。

充分利用大水面生态资源优势，大力推广"渔业 +"发展模式，积极引导渔民转型，通过整合资源、拓宽市场，将传统的渔业养殖向生态保护、精深加工、休闲旅游等领域延伸，全力铸造生态鱼全产业链。融合垂钓、康养、娱乐、文化展示等元素，探索大水面巨网捕鱼旅游观光、传统渔文化表演、水上游览观光等模式，打造南坪洲、高岭宿集、长桥佩溪湾、观澜门渔文化馆等项目，开通万安至赣州水上旅游精品线路，形成"湖中有好鱼、湖边有宿集、湖上有好景、岸上有美味"的渔旅融合发展新态势，不断吸引全国各地的游客到万安来旅游观光、休闲垂钓、放松心情、品尝美食，拓展"渔业 +"模式。

图6-4　龙舟比赛表演

二、叫响“富硒品牌”　增强发展动能

1. 富硒资源开发，推动特色产业升级

万安县充分挖掘富硒资源这一天赐宝藏，以“一江秋”富硒大米为核心载体，借助“井冈山”区域公用品牌势能，打造全国富硒产业高地，将土壤中流淌的“硒”望转化为产业发展的强劲动能。通过科技赋能、标准引领、三产融合，将富硒产业这一田间地头的自然馈赠，转化为“一片硒土富一方百姓”的生动实践。

万安县拥有天然富硒富锌土壤，不仅是农业农村部划定的柑橘水果栽培最适宜区、油茶生产适宜区，还是省粮食生产重点县、水产生产大县。江西省地质调查研究院调查结果显示，全县富硒农产品生产基地建设可利用土地达 190 万亩，其中富硒土壤 88.93 万亩、潜在富硒土壤 31.38 万亩、足硒土壤 69.3 万亩，有 14 处 33.9 万亩适宜集中连片开发的富硒农产品生产区，具有发展富硒产业独特的资源优势。万安县有机产品产值占农业总收入的比重逐步提高，2020 年获得"江西省有机产品认证示范区"称号。通过绘制全域硒资源分布"一张图"，全面推进富硒产业扩面增量、提质增效、品牌创建，大力实施以富硒大米、富硒水果、高产油茶和富硒茶叶为重点的"1+1+2"农业产业工程，赋能乡村振兴，带动县域经济发展。

推动富硒农产品"按标生产"提升品质。注重科技赋能，充分发挥富硒产业研究院、硒柚科技小院的作用，开展富硒产业技术实验，提升花朵硒元素富集能力，延长花期，提高亩产。启动硒稻增产增效等富硒技术攻关，成立万安县富硒产业发展行业协会，开展富硒区域公用品牌打造、标准制定等工作，提高富硒产业社会化服务水平。全县先后获批标准研发立项 13

▼ 图6-5　富硒稻田

► 图6-6　富硒生态产品

项，建设 30 个富硒产业实验点、2 个富硒产品研发点。技术升级让“一江秋”大米通过中国绿色食品认证，现有“一江秋”“富晶”“井冈缘”“嫂子情”“和万安”“水口峰”“臻香情”等富硒农产品注册商标，2015 年“一江秋”富硒大米获江西省著名商标。

2. 产业集群发展，叫响“原产地”品牌

万安县科学规划富硒产业布局，打造富硒产业集聚示范区，融合推动富硒产业链发展，合力叫响富硒品牌美誉。政府出台系列优惠政策，以优质营商环境为依托，引导分散的富硒地块整合集中，吸引多元主体投资建设产业基地，推动富硒农产品产业规模化发展。

为进一步丰富富硒农产品产业体系，提升富硒农产品的知名度与影响力，积极整合资源，结合农民丰收节、精品旅游线路推介等活动，不定期举办富硒农产品鉴评会、采摘比赛等专项活动，吸引媒体和社会各界关注。积极参与国际国内农产品展示展销会及鉴评会，持续扩大品牌影响力，在中国富硒农业发展大会、全国富硒农产品博览会、中国农民丰收节等活动现场，万安“硒品”接连不断地亮相。

扎实推进富硒农产品的提质增效工作，内外合力推动产业发展。政府层面加大扶持力度，出台系列富硒产业扶持政策，引导鼓励企业与科研院所对接，开展技术试验和新产品开发，依托科技推进精深加工与多元化利用，提升产业效益与成果转化率。在品牌宣传上，“水旺万安　硒旺万安”“富硒农产品　万安原产地”等广告在公交站台、高铁站等人流密集区深入人心；城区新村路的富硒农产品旗舰店集中展销富硒大米、黄金茶、蜜柚等特色产品，吸引众多游客和客商关注。拓展“产业搭台，文旅唱戏”的农旅融合新路径，围绕“讲红色故事、观田园美景、品鱼宴美食、住高岭民宿”的思路，先后举办“富硒水稻开镰节”“脐橙采摘节”“春光无限好　万安硒茶香”“宝山油菜花节”“‘荷’你有约”等观光推介活动，全面打响富硒品牌。

沃得

图6-7 油菜收割现场

三、打响"竹品牌" 点燃"以竹代塑"新引擎

1. 毛竹资源开发，构建融合发展模式

万安县在传统竹产业基础上寻求创新突破，紧扣国家"以竹代塑"战略导向，构建"一竹多元"产业体系。通过构建竹资源高效利用体系，开发竹基新材料、竹纤维制品等绿色产品，在包装、建材、家居等领域提出替代塑料的解决方案。

全县毛竹资源丰富，面积达 36.5 万亩，林间立竹 6 149 万株，其中，毛竹丰产林基地规模达 9 万多亩，笋竹两用林也有 1 100 多亩，每年，从这片葱郁山林产出的毛竹可达 1 000 万株，为产业发展夯实了资源根基。万安县积极顺应"以竹代塑"的绿色发展潮流，全力推进竹产业品牌建设，致力打造绿色增长极。

依托竹林生态系统的复合功能，大胆探索走出了一条别具一格的林下经济多元发展之路。在海拔 600 米以上的高山竹林，由于高山凉爽湿润、竹林郁闭度高的独特气候，产出的药材品质更优，当地巧妙利用林荫空间，

图6-8　万安县林地俯拍图

图6-9 竹产业旅游宣传图

套种黄精、山香圆、岗梅等中药材。这些中药材在竹林的庇护下蓬勃生长，充分盘活了林下闲置资源。在低山缓坡区域，推广“竹—菌—禽”立体种养，发展竹荪培育和竹林散养乌鸡产业，形成以短养长的循环经济链，极大地提升了林地的综合效益。为进一步挖掘竹产业潜力，建立“竹种植—竹加工—竹文旅”三产融合发展模式，在种植端推广“企业 + 合作社 + 农户”订单模式，建设竹林基地；在加工端打造竹纤维产业园、生产基地等产业平台，依托先进设备与技术，开发竹基新材料、竹工艺品等一系列高附加值产品；在服务端构建竹文化研学、生态旅游等新业态，精心设计特色文旅线路，将竹林风光、竹文化展示与游客体验深度融合。

2. 创新驱动竹产业升级，构建“三产融合”经济模式

引进重型竹结构、竹缠绕技术、全竹利用产业链等先进技术和项目，充分利用国家林业和草原局、省林业局对口帮扶优势，邀请竹产业发展专家实地考察指导，有力推动竹产业产、学、研、用深度融合创新体系建设，使竹产业朝多元化格局发展，围绕做好竹产业、竹科技、竹工艺、竹文化，

催生发展潜力大、带动作用强的创新型产业集群，带动竹能源和竹炭产业绿色升级与创新发展。

设立竹能源与碳材料科创中心，做优制造平台，通过技术攻关和战略咨询为产业发展把脉定向。引进竹产业领域专家驻点指导，依托专家团队优势，构建"产学研用"一体化平台；同时通过"项目＋人才"模式，不仅吸引了30余名青年科研骨干加盟，为林业高质量发展注入科技动能，还引进了一批竹产业龙头企业在园区落户，共同做强做大竹产业。系统推进"竹地图"建设，全域布局竹生态经济，累计建成30个百亩级毛竹示范基地，新修竹林经营道路300公里，打造高岭宿集竹林康养综合体，构建"竹资源培育—竹材加工—竹文旅体验"全产业链生态。以竹产业集群建设为抓手，构建"政策驱动＋市场运作＋科技赋能"的三位一体发展格局。

图6-10　竹文化创意产品

依托国家林业和草原局和省林业局对口支援机制，叠加赣江黄金水道的区位优势，万安县创新实施竹产业振兴行动计划。在产业协作方面，与南康家具产业集群建立战略合作，共建竹制家具产业基地，同时借助粤港澳大湾区产业协作机制，精准对接东莞、顺德家具市场需求；在技术升级层面，通过深化与高新技术企业、高校的合作，推动竹产品从传统工艺向高端制造转型，全面提升毛竹综合开发利用价值，加速科研成果转化。由此，形成"一根翠竹贯通三产、万亩竹林激活'两山'"的生态经济转化范式。

构建"政府＋市场"双轮驱动的竹产业投融资体系。通过设立竹产业发展基金、争取林业草原改革发展资金等方式，形成"财政引导＋金融支持＋社会参与"的多元化投入格局。推动毛竹资源优势向竹产业发展优势转化，构建高效便捷的"一站式"服务体系，创新推行"合作社＋基地＋农户"的发展模式。建立"风险共担、利益共享"的利益联结机制，引导民间资本投入林区道路等基础设施建设，同步推进竹资源培育专业合作社，带动农户深度参与竹产业全链条经营，将生态优势逐步转化为发展优势。促进三产深度融合，以竹科技研发提升一产质效、竹文化创意激活二产潜力、竹生态旅游拓展三产空间，将万顷竹林资源转化为富民强县的绿色财富，实现生态价值与经济价值的双向转化，让漫山翠竹真正成为乡村产业振兴的“绿色银行”。

第二节　蝶变：创新“农旅”产业品牌传播模式

万安县依托特色资源优势，通过精准定位与创新运营双轨并进，构建差异化产业价值体系。聚焦生态渔业、富硒农业与竹产业三大领域，以技术革新重塑生产模式，推广生态养殖标准，开发高附加值富硒产品，建立竹林资源全周期利用链条。打造沉浸式文旅活动矩阵，将渔耕文化、硒养理念融入节庆体验，通过线上线下联动强化“原产地”品牌认知。建立统一品质标准体系，运用大数据工具动态监测市场反馈，推动产业链跨区域高效协作，实现从生产源头到终端消费的全链条价值跃升。

一、品牌定位：锚定生态价值坐标

1. 渔业品牌：构建融合体系，创新养殖模式

依托“一江两湖”生态基础，构建“生态养殖 + 有机认证 + 文旅体验”三位一体的鱼品牌发展体系。万安湖和心安湖两岸植被茂盛、种类繁多，为水域生态注入独特活力。每当雨水冲刷，大量有机质顺势流入水体，滋养出大量浮游生物，为鱼类生长提供了源源不断的天然饵料。依托独特的“活水循环 + 微生物净化”生态系统，培育出拥有天然饵料生物量的优质渔场，为渔业发展筑牢坚实根基。

在核心保护区，坚定推行“人放天养”生态养殖模式，严格禁止人工投饵，全力维护水域生态的自然平衡。当地积极联合南昌大学、江西省绿

图6-11 万安水域

色产业集团等单位共建"生态鱼产业研究院"，在蕉源水库建成全国首个鳙鱼碳足迹认证基地，推动"中科佳鳙1号"等品种试验示范。科研人员在保留野生种群抗病优势的基础上，通过"人放天养"接力养殖模式，使18月龄鳙鱼提升体重，增加头长，配合水域内"水下森林"生态调控体系，鱼头胶质含量提升，鱼肉脂肪分布更均匀、口感更细腻。这一创新成果有效突破了传统自然养殖效率的瓶颈，依托16万亩认证水域构建"水下森林"，真正实现"增产不增污"，

图6-12 "中科佳鳙1号"鳙鱼品种

推动万安渔业在生态保护与产业发展的双赢道路上向高质量可持续发展方向迈进。

2. 富硒品牌：开发“硒”望产业，激活生态红利

深度开发“硒”望产业，构建起一套涵盖“土壤管控—科技支撑—标准认证—三产融合”的全流程产业体系。万安坐拥120余万亩天然富硒土壤，精心培育出“一江秋”富硒大米、“富晶”富硒蜜柚、“水口峰”富硒茶等一系列优质富硒产品，产品品质卓越，深受市场青睐。将富硒农产品与生态旅游巧妙结合，激活生态红利，通过打造富硒农耕研学基地，精心推出“春耕硒田，秋收硒宴”特色体验线路，吸引了大批追求健康生活的康养游客。这种体验式旅游带动了硒产品的消费，让“万安硒品”成为品质生活的代名词，备受消费者认可，成功实现了“生态价值—健康效益—经济效能”协同转化，为其他地区提供了可借鉴的成功经验。

建立富硒产品溢价分配机制，农户以土地入股的形式参与产业发展，收到品牌溢价带来的丰厚收益，有效带动脱贫户增收致富。发展富硒农产品基地69个共21.6万亩，培育市级以上富硒农产品生产及加工龙头企业20家，2024年富硒产业产值突破50亿元，彰显了万安富硒产业的强劲发展势头。这意味着在富硒产业的开发与利用上，万安县正稳步朝着更高质量、更具活力的发展方向大步迈进。

3. 竹产业品牌：紧扣生态定位，构建全产业链条

万安地处赣江源头，属中亚热带湿润气候区，温暖湿润的空气、充沛的降水以及充足的光照，孕育出广袤且优质的竹林资源。凭借这一优势，万安构建“以竹代塑”战略下的差异化品牌体系。

图6-13 竹键盘

紧扣生态定位，建立起

一套全周期管理体系。大力实施竹林生态抚育工程，从竹笋初萌时的悉心呵护，到竹材成长期间的科学管理，再到成熟竹材的合理采伐，建立了一套全周期管理体系，确保每年优质竹材的稳定供给，形成"春采鲜笋、夏育竹材、秋收竹炭"的循环利用模式。高度重视科技创新，提升竹材利用率，从传统的竹材简单加工模式，迈向资源低碳转化、技术高值赋能、市场精准适配的生态闭环发展模式。借助新技术，使竹材成为高附加值产品，不仅降低资源消耗，还提升产业经济效益。

精准布局"以竹代塑"全产业链。依托竹科技产业园，引进先进生产设备，建成竹纤维薄膜生产线，开发出可降解竹基农用地膜、食品包装材料等系列产品。为拓宽产品销售渠道并强化本地企业与各大平台的融合发展，成功引进了TEMU、TIKTOK、亚马逊、阿里巴巴国际站、希音等知名跨境电商平台，以及相关配套企业和物流供应链资源。贯通了本地产业带与数字贸易的连接，建立了数字化柔性供应链体系。依托直播带货、跨境电商等新兴销售渠道，当地竹纤维餐具、环保包装袋等产品得以成功销往欧盟、东南亚等地区，品牌知名度在国际市场上正逐步提升。

二、品牌运营：构建生态品牌矩阵

1. 品牌活动 + 立体传播，生态文旅融合发展

创新品牌传播模式，构建品牌矩阵，推动文旅深度融合。在资金保障上，设立专项品牌建设基金，通过"政府引导、社会参与"的市场化运作模式，撬动社会资本共同投入，为品牌打造注入强劲动能。

精心策划专题活动，举办万安鱼头厨王争霸赛、万安"百鱼宴"宣传推广活动、中国生态竹产业发展高峰论坛等活动，邀请米其林主厨、行业专家等共同打造沉浸式品牌体验场景。携手知名音乐人推出《万安有鱼》专题歌曲，以优美动听的旋律和富有感染力的歌词，将万安的湖光山色与渔文化融入其中，通过音乐的传播力让万安品牌深入人心。在品牌建设上，着力构建线下实体经营，高标准打造万安鱼头杏塘旗舰店，按照统一标识、

图6-14　“油菜花开　春游万安”主题活动

统一标准要求，建设“万安鱼头”品牌连锁店，形成品牌效应，进一步提升“万安鱼头”品牌识别度。

紧跟短视频热潮,深入挖掘“万安鱼头”背后的文化内涵。将“万安鱼头”的传说故事、制作流程、礼仪习俗等内容，拍摄成不同的短视频并在微信视频号、抖音等平台广泛宣传,积极搭建线上专卖区,进一步拓宽销售渠道,唱响“万安湖”品牌，提升品牌影响力。

按照“季季有主题，月月有活动”的要求，持续举办油菜花季活动、龙舟文化旅游活动、高岭宿集十二“杏”事活动月、鱼头厨王争霸赛、休闲垂钓五大节庆赛事活动,提升活动品牌影响力和知名度。万安县秉承“宣传向营销转变”的理念，以“晒冬”活动为平台，将当地腊鱼、香肠、腊肉、辣椒干等特色农产品推向市场，吸引了许多买家前来订购，现场销售“晒冬”产品5万余元，客户预订腊鱼等农产品26万余元，助力当地农户和村集体增收。潞田镇开展“茶韵飘香　多彩潞田”品茶暨茶叶宣传推广会，现场完成3 000万元富硒黄金茶产销签约，有力唱响了“富硒农产品，万安原产地”品牌，带动当地农产品销售。

2. 文化 IP+ 品牌联动，做强"原产地"名片

充分发挥政府的主导作用，讲好富硒故事，宣传推广富硒品牌。在央视农业频道《振兴路上》的《硒望田野》节目中，量身定制《硒旺万安》专题纪录片，以 4K 高清镜头全景式呈现万安富硒土壤的天然禀赋，从种植到加工的标准化流程以及农户与产业共生共荣的生动场景。这部纪录片深入挖掘了万安富硒农产品的优势，将"富硒农产品，万安原产地"的核心卖点转化为可视化叙事，生动展现了其从种植到餐桌的全过程，让观众领略万安富硒农产品的独特魅力，有力推动了"富硒农产品，万安原产地"这一品牌口号在全国范围内的传播。

精准定位北上广深等一线城市，开展品牌推介活动。通过举办产品品鉴会、参加大型展会等渠道，有效触达目标客群，提升万安富硒农产品的认知度和美誉度。万安富硒产品连续三年亮相中国国际农产品交易会、上海国际食品展等展会，均以独立展位的形式集中展示全品类产品，并辅以富硒土壤微景观、竹制包装工艺等沉浸式场景体验，累计吸引逾 10 万人次驻足咨询，达成意向合作订单超 8 000 万元。借助"井冈山"区域公用品牌的影响力，强化联动、协同发展，增强品牌意识，完善品牌管理体系，凝聚发展合力，共同推动万安富硒农产品品牌的发展。为规范品牌运作，制定《万安富硒农产品公用品牌管理办法》，建立一套完整的品牌授权、

图6-15　"硒旺万安"专题纪录片

监管和推介机制。通过严格授权程序，确保仅符合标准的企业和产品才能使用万安富硒农产品公用品牌，加强使用监管，保证产品质量和品牌形象，确保品牌公信力。

3. 双线融合塑品牌矩阵，全链运营提升市场溢价

以双线融合为核心策略，构建起覆盖生产、加工、销售全链条的现代化农产品流通体系，推动生态产品价值高效转化。在线上布局中，依托电商发展趋势，打造“数字 + 溯源”智能销售平台，推出“万安优品”官方商城，创建“万安优品”“心安万安”两大自主农产品品牌，整合竹制品、富硒农产品等特色商品，构建产品矩阵。为破解信任壁垒，引入了区块链溯源系统，实现全过程可追溯，做到“来源可查、去向可追、责任可究”。

图6–16　万安“黄金芽”特色礼盒

线下开设“万安特产 O2O 体验馆”，以沉浸式体验拉近与消费者的距离，展现生态产品魅力，助力提升市场占有率。为增强品牌影响力，聚焦节庆、康养等消费场景，推出特色礼盒，将竹制工夫茶具与富硒米粉组合搭配，既彰显环保理念又融合地域文化，持续为品牌知名度赋能。积极构建多元销售平台，包括万安富硒农产品展示馆、富硒农产品旗舰店、“两山”优选网上商城等平台，全面拓展销售渠道。开展农产品家底大普查行动，系统梳理全县优势农产品，摸清存量和产量，建立涵盖 300 余种产品的清单目录。聘请第三方专业公司进行包装设计，并由县两山公司统一收集、加工、包装、营销，旨在通过标准化生产，有效保证产品质量，提升市场竞争力和品牌溢价能力。

三、品牌管理：打造富硒鱼米之乡

1. 标准引领品质升级，做强"万安鱼头"餐饮品牌

以标准化建设为根基、人才培育为引擎，双轮驱动"万安鱼头"品牌高质量发展，持续提升其品牌竞争力。为强化品牌标识与市场辨识度，在广州、井冈山、赣州等地布局5家万安富硒旗舰店，并建成6家统一标识与标准的"万安鱼头"旗舰店，有效增强了品牌的市场竞争力。

严格落实"六统一"标准化要求，即统一标识系统、统一食材供应链、统一佐料配方、统一装修风格、统一烹饪工艺和统一菜品标准，加速布局大中型城市"万安鱼头"旗舰店，推动"一席鱼"美食餐饮产业做大做强。为提升技艺传承，实施"名厨带徒计划"，通过"理论授课＋实操演练＋跟岗实习"三维培养体系精进名厨技艺。建立动态化评选机制，每季度开展"名师名厨名菜"星级评定。评定依托顾客满意度测评、行业专家评审与卫生安全检查三维考核体系，获奖菜品将获得专项品牌推广支持。产品研发阶段，通过线上问卷、试吃活动等系统收集市场反馈，并据此对口味、包装及推广策略进行动态优化，以差异化产品满足细分市场需求，拓展品牌消费群体。通过分析旗舰店、抖音等平台的用户评价，运用数据处理技术洞察消费者对"万安优品""心安万安"等品牌的偏好。

制定《全鱼宴制作规范》，构建从鱼苗培育到餐桌呈现的全链条质量管控体系。《全鱼宴制作规范》明确要求原料必须采用认证养殖基地直供的鲜活鱼，烹饪过程实行标准化操作。特别定制青花瓷鱼形餐具。该餐具融合万安湖生态主题，运用非遗釉下彩工艺呈现竹影纹样，打造独特视觉标识。通过严控从食材源头到菜品呈现的每一个环节，为"万安鱼头"餐饮品牌筑牢品质根基，持续增强其市场竞争力与美誉度。

2. 区域联动全链升级，数字赋能富硒产业跃升

以"万安优品"电商平台为数据中枢，整合县域内竹产业、富硒农产品、生态旅游等重点品牌数据，构建起涵盖消费者行为、竞品动态、渠道表现

等多维度的监测网络。以区域协同为纽带、数字技术为引擎，全方位激活富硒产业发展动能，推动品牌效益与产业能级同步跃升。为扩大品牌效益，积极融入“井冈山”区域公用品牌建设，目前有效期内共有13家企业35个产品获评富硒认证，9家企业18个产品获评“中国富硒好产品”。窑头镇创新构建“三级品牌矩阵”——以“井冈山”区域公用品牌为背书,突出万安富硒品牌特色,辅以窑头镇本土品牌，形成层次分明、协同发力的品牌体系。2024年，全镇新增农副产品加工企业6家，显著提升了窑头富硒品牌的影响力。

图6–17　“万安优品”宣传图

发挥行业引领作用，联合科研院所与龙头企业，牵头制定《江西绿色生态富硒蜜柚团体标准》。江西省两山渔业有限公司完成碳足迹核查，获得全省首张生态鱼碳足迹核查陈述证书，由此构建起从土壤检测、品种选育、种植管理到加工包装的全流程标准化管控体系，其中11个产品凭借其卓越品质获评全国富硒好产品。在产销对接方面，线上依托“两山”资源智慧管理平台和“两山”优选电商平台，线下开设富硒农产品旗舰店，

图6–18　2024江西万安・长三角经济区“双招双引”推介会

打通生态产品供给方与需求方、资源方与投资方的精准匹配通道。

为进一步提升供应链效能，万安县富硒农产品配送中心创新打造全链条自主运营体系，引入数字化管理系统，整合推广、销售、物流、售后等环节，实现订单处理、仓储调配、冷链运输的智能化协同。对产品数据进行登记、收储、分析、展示和在线交易，并开展直播带货；积极拓展渠道，与长三角、大湾区等地的大型商超建立直供关系，充分释放数字化赋能的乘数效应。

第三节　裂变：提升"生态+"品牌经济效益

万安县深度整合数字技术构建全流程可信溯源体系，将文化内涵与情感价值融入产品开发，依托精深加工提升附加值，以品质认证与情感共鸣实现市场溢价。以特色渔文化为灵魂纽带，成功打造"1+N"的生态文旅模式。该模式有效驱动了"产地变景区、农房变客房、渔获变商品"的生态资源转化实践，显著拉动了全县年接待游客量增长。聚力打造区域公用品牌载体，贯通产业链条，强化品质保障与附加值提升。数字赋能、文化注入、品牌运营三者协同联动，共同驱动"生态+"品牌实现从生态资源到市场溢价的全链条价值裂变，形成经济效益提升与可持续发展的双赢格局。

一、价值涌现机制：区块链+AI

1. 智慧农业链：重构信任体系

万安县前瞻布局区块链技术应用，系统规划科技赋能路径，为传统农业品牌重塑价值体系。在现代农业、智能制造、跨境电商、政务服务、知识产权等领域打造示范性区块链应用场景，培育区块链创新企业，探索形成可复制可推广的模式，构建活力迸发的区块链创新创业生态体系。

推进智慧农业链创新试点应用，建设"区块链+现代农业"示范基地，利用区块链构建去中心化物联网设备管控体系，开展农业物联网试点，提升设备智能化管理维护水平。打造井冈山品牌链，聚焦万安柑橘类水果、

图6-19　黄桃种植示范基地

富硒大米、有机茶等特色农产品与富民产业，推动区块链技术在种植养殖一体化管理、产销数据全链路采集、农产品溯源等领域试点应用，实现农产品从种植到销售全生命周期信息上链，建立质量可保障、责任可追溯的农产品安全体系，以扩大特色农产品影响力，提高市场占有率与经济效益。构建"区块链 +AI"技术赋能的信任体系，将区块链与人工智能深度融合，赋予每一个产品独一无二的数字身份，实现生态产品增值。

2. 智能制造链：赋能工业转型

万安系统推进区块链与 5G、物联网、人工智能等前沿技术的融合应用，搭建智能制造数据平台。该平台实现了生产流程数据、设备运行状态实时上链存证与跨系统互通共享，赋能企业向精准化控制、全流程追溯、敏捷化响应转型。

依托工业互联网标识解析电子信息产业应用节点，重点支持龙头企业将区块链技术深度应用于协同设计制造、供应链管理、产品全生命周期管理等核心环节。通过智能合约的自动化执行，显著优化原材料采购、生产排程、物流配送等关键流程，全面提升工艺制造、质量管理、物流采购等全链条的智能化水平和协同效率，构建起“数据可信、流程可视、协同高效”的现代化工业生产体系。

二、产业融合机制：打造渔旅融合体验

1. 文旅全域布局，打造多元体验

以万安湖旅游开发为核心，聚焦建设国家级湖泊型旅游度假区的目标，加强与赣州旅投对接合作，共同开通万安湖水上旅游精品航线。坚持“核心引领、沿线布点、连线成网”的思路，打造万武公路沿线“十八滩文化”景观，建设万安湖探险公园，引进一批休闲垂钓、水上运动、夜游夜览等业态，形成要素齐备、全产业链发展模式，全面打造万安湖旅游度假区核心景区。

依托万安湖、高岭银杏等生态旅游资源，深度参与旅游景区的建设与运营。目前已成功运营高岭宿集、夏木塘等核心景区，推进“万安鱼头”旗舰店、德鑫大酒店等配套项目的常态化运营，构建集观光游览、特色餐饮、品质住宿于一体的旅游产业体系，持续激活区域文旅经济发展动能。通过承办全国筏钓大赛，协办全省龙舟赛、万安鱼头争霸赛等重大赛事，得到

图6-20　高岭宿集

社会各界一致好评。构建跨区域旅游合作机制，与赣州形成深度联动的游客互送体系。万安县文旅局举办文旅招商推介会，宣传“引客入万”政策，深化万安与赣州、深圳、北京等地的合作交流，拓展客源市场，推介万安文旅品牌。

以“连线成网”为目标，依托心安湖、万安湖两大水域资源，整合红色罗塘、百嘉老街、佩溪渔村等特色景点。通过建成水上服务区资源保障码头及多个旅游码头，串联田北画村、高岭宿集、夏木塘、红豆杉养生谷、井丘客家村等核心景区，形成多条山水旅游精品路线。立足高岭古村落千年银杏、万顷竹海等生态资源，万安县打造“湖边人家”精品宿集，建成高岭宿集、芙蓉假日酒店、夏木塘民宿等差异化住宿集群。围绕赣江水域，开发水上游览路线，推出水上运动及文娱项目，并持续升级龙舟文化旅游节、休闲垂钓大赛等品牌活动，着力塑造特色水上赛事 IP。在智慧景区建设方面，全县推进高岭宿集、田北画村、红豆杉养生谷等重点景区数字化升级，加快打造示范性智慧景区，优化游客体验。

2. 农旅创新业态，三产助力振兴

依托《万安鱼文化》系列丛书和《万安鱼头鲜天下》主题歌曲系统传播饮食文化，并在县博物馆内规划建设“观澜门渔文化馆”，集中宣传特色食材与地标美食；在渔旅融合项目开发中列入重点工程的巨网捕鱼观光体验，结合竹林生态资源，在高岭宿集等民宿集群配套健康养生服务，整合万安湖风光、传统渔文化体验及养生业态，构建“生态观光 + 文化感知 + 健康休憩”三位一体的沉浸式消费场景。

以“万安金鳙宴”为支点，依托万安湖、心安湖生态资源开展巨网捕鱼旅游观光及传统渔文化表演项目；串联康克清故居、“万安暴动”旧址等红色资源打造研学线路，修复百嘉老街、田北画村等古村落，借助农民画这一非遗载体，让传统文化“活”起来；围绕健康养生定位，在红豆杉养生谷、高岭宿集布局自然疗愈服务，并深化与江西省中医院合作，依托其热敏灸技术优势，在高岭宿集景区棉津村提供热敏灸康养服务，推动传

图6-21　江西万安鱼文化馆

统中医文化与生态资源融合，强化康养休闲目的地建设。

现代农业与旅游的深度融合催生出新业态。积极探索"产业搭台，文旅唱戏"的农旅融合路径，围绕"讲红色故事、观田园美景、品鱼宴美食、住高岭民宿"的乡村旅游发展思路，成功打造"宝山油菜花节"等系列品牌活动，并依托富硒茶、油菜花等资源举办以茶旅融合、四季观光等为主题的推介活动，有效带动了当地餐饮、住宿、农特产品销售等产业链发展。富晶果业立足当地120余万亩富硒土壤资源，打造集蜜柚种植、休闲观光于一体的基地，设有农家餐饮、观光步道、蜜柚长廊、四季采摘、农耕体验等功能区。通过"生产＋加工＋旅游"三产融合模式，将富硒农产品生产加工与观光旅游、农事体验、休闲康养深度融合，推动休闲农业与功能农业协同发展，成为万安农旅融合新业态的典型代表。

三、品牌合作机制："万安优选"

1. 产业升级＋品牌赋能，提升增值空间

紧扣产业升级脉搏，以特色化铸魂、规模化筑基、品牌化赋能，构建

起三位一体的产业增值体系，探索出市场主体可持续发展的创新路径。依托“富硒农业示范基地”的区位优势，实施差异化发展战略，推动农业企业实现质量变革与效益提升，深度挖掘企业增效盈利新动能。

科学布局富硒产业体系，构建“1+1+2”主导产业架构，以富硒稻米为核心产业，富硒水果为重点产业，富硒茶与高产油茶为特色产业，同步发展生态鱼、林下经济等多元特色品类。通过实施品种培优工程，联合科研机构筛选推广硒稻、硒橙等优质品种。已建成12个千亩级标准化示范基地，形成富硒水稻、水果、茶叶、油茶4条万亩级产业示范带。创新推行“企业+合作社+农户”产业化运营模式，通过订单农业实现契约化利益联结，建立县乡村三级服务体系，实施统一生产技术规程，加大投入品管控与品牌整合力度。其中，一江秋公司通过“三定三统”（定品种、定标准、定收购，统一种植技术、统一投入品供应、统一品牌营销）机制，整合富硒稻田开展订单农业，依托“万安富硒大米”区域公用品牌成功开拓高端市场，实现产业提质增效。

图6-22　万安农产品

以打造"万安优选"区域公用品牌为关键抓手，构建起"区域公用品牌＋企业子品牌"的"1+N"品牌认证体系。已完成"万安湖"等12个企业商标注册，形成品牌集群效应。通过建立严格的品牌认证动态管理机制，新增创建富硒农产品认证3个，获富硒认证产品共35个。创新"三品一标"培育路径，建成覆盖全产业链的农产品质量追溯平台。该平台依托农产品质量安全大数据智慧监管平台，打造县级指挥调度中心，利用巡查巡检、风险监测、合格证追溯"三大模块"，健全农产品追溯体系，实现全过程监管要素可视化，全县入网监管主体达160家。

2. 精深加工赋能，实现品牌溢价

万安县锚定精深加工这一核心引擎，通过延链补链强链，深度挖掘生态渔业的潜在价值。依托"一江两湖"的优质渔业资源，投资1.15亿元建设绿色食品精深加工产业园，重点引进优质水产品加工企业，抢抓预制菜产业风口，创新开发以万安湖生态鳙鱼为核心的系列产品。通过引进先进的速冻锁鲜技术，锁住96%的汁水鲜味，成功开发"万安鱼头"等特色预制菜品，突破鱼糜加工、鱼骨提取等关键技术，提炼加工淡水鱼胶原蛋白，实现副产品增值150%。引入具备研发与规模化生产能力的企业，打造万安生态鱼系列即食产品，这些产品不仅丰富了万安生态鱼的消费场景，更通过便捷化、零食化的形态，快速渗透年轻消费群体，显著提升了产业附加值。

为保障产品品质与品牌信誉，万安县制定实施《万安·湖鱼（鳙鱼）企业标准》。该标准对环境条件、鱼种、生产方式、生长期、规格、感官要求、理化指标等参数作了明确要求，严格遵循"人放天养"生态养殖模式，严格控制生长期，确保鱼肉紧实、营养富集。这一标准的出台，标志着万安湖鱼在食品生产管理上向标准化、规范化迈出了坚实的一步。

经验启示

生态产品品牌化已成为释放“绿水青山”生态红利、驱动区域高质量发展的关键路径。万安县立足自身资源禀赋，勇于创新实践，形成了一套系统化、可推广的品牌建设模式，不仅为当地发展注入了新动能，更贡献了极具借鉴意义的“万安智慧”。

构筑可持续产业生态基石。万安深谙生态品牌化的根基在于优质资源与坚实产业。其首要经验便是坚持资源挖掘与链条延伸双轮驱动，致力于构建根基稳固、韧性十足的可持续产业体系。

塑造差异化品牌价值高地。在产业基础之上，万安深刻理解品牌的核心在于价值认同。其核心策略是通过精准定位与多元传播的协同发力，在消费者心中建立独特的生态价值地位。

激发价值倍增创新引擎。万安深知，品牌的长久生命力离不开科技支撑与模式创新。其关键突破在于以技术创新驱动信任构建与效率提升，以业态融合催生价值裂变。

万安的生态产品品牌化实践，通过“夯实产业基础、塑造品牌价值、驱动科技创新、促进业态融合”的系统化路径，成功将生态优势转化为经济优势和发展优势，生动诠释了“绿水青山就是金山银山”的理念，为同类地区探索生态价值实现机制提供了宝贵的“万安方案”。

第七章

多元化协同保障　夯实生态价值实现根基

万安县立足自身生态资源禀赋，以金融创新为引擎，破解生态价值转化“最后一公里”难题。通过开发特色金融产品、优化银企对接机制，推动生态资产与金融资本的深度融合，让生态资源转化为可融资、可交易的经济资本。构建权责清晰的多元补偿机制，既通过纵向财政支持与横向区域协作形成生态保护合力，又以严格的追责制度与激励政策平衡各方利益，形成“保护者受益、破坏者担责”的良性格局，凝聚“两山”转化强大合力。

第一节　金融释能：绿色金融唤醒沉睡资源

以金融工具创新、产业精准聚焦、服务网络优化三维联动，全面激活生态经济转化效能。创新开发绿色融资产品，将生态资源转化为可量化、可流通的资本要素；专项定制富硒产业信贷方案，通过低息贷款、供应链金融等工具加速技术升级与集群发展。构建下沉式服务体系，依托政策平台打通银企对接渠道，覆盖中小微企业融资需求与生态治理项目资金缺口，形成“资源评估—资本赋能—产业升级—惠民共享”的闭环发展路径，实现生态保护与经济效益的双向提升。

一、绿色引擎：产品创新驱动生态经济增长

1. 构建绿色金融产品矩阵

以金融创新为引擎，依托丰富的生态资源，大力发展绿色金融，积极构建覆盖广、质量高、效率快的绿色金融产品体系，实现生态优势与金融效能的深度融合。通过县乡村三级联动、跨部门协同（邮储银行联合县委组织部、农业农村局），形成强大合力，并从顶层设计层面推进机制体制创新。

金融机构立足县域资源优势，创新推出系列绿色金融产品，精准赋能特色产业发展。县邮储银行与农商银行聚焦富硒土壤优势,推出“富硒贷”，重点支持富硒水稻、富硒果蔬等特色农业产业链发展，将土地的天然禀赋转化为实实在在的产业竞争力。金融机构提供信贷资金支持，推动富硒产业从分散经营向规模化、标准化转型，助力“万安富硒”区域公用品牌价值提升。“水面经营权贷”盘活水域资源。县农商银行突破传统抵押物限制，创新开发“水面经营权贷”，允许以水库、池塘等水域经营权为抵押，配套出台《万安农商银行特定单元生态价值 VEP 贷管理办法》，成功发放全市首笔 700 万元“VEP+ 生态鱼项目贷”，激活闲置水域资源。县农业银行结合生态农业实际，设立专项贷款，支持绿色农业生产。江西银行万安支行创新推出“公益林（天然商品林）补偿收益权质押贷款”，并基于颁发的首批林业经营收益权证,为获证企业授信 130 万元,实现“生态账”向“经济账”转化，突破固定资产抵押局限。金融机构综合评估林木面积、树种、林龄及林下经济收益，发放中长期贷款，支持林下中药材、森林康养等复合经营。该模式有效缓解了林业生产长周期融资难题，并通过引导科学经营，实现生态保护与经济效益双赢。

2. 创新“金融 + 产业链”协同体系

万安县紧扣“两山”转化核心命题，创新构建“金融 + 产业链”绿色协同体系，围绕富硒农业、生态旅游等特色产业打造绿色产业集群，以金

融"含绿量"提升发展"含金量"，形成"生态—产业—金融"三位一体发展新格局。通过县乡村三级联动与跨部门协同，重点推出产业链普惠金融产品"富硒贷"，构建覆盖龙头企业、产业基地、种植大户的全链条贴息贷款扶持体系，配套"即申即享"一证办理、10万元以下免担保、"无还本续贷"等差异化政策，显著降低融资门槛。县普惠金融服务中心联动多部门与金融机构建立长效贴息机制，持续扩大对富硒产业的创业贷款支持规模。

二、创新实践：深化生态产品价值核算与应用

1. "VEP+项目贷"创新实践

万安县制定了《万安县推进生态产品总值核算成果应用实施方案（试行）》，探索GEP核算成果转化路径，开展特定地域单元VEP核算试点，构建了包含物质供给、调节服务、文化服务3大类13项指标的核算体系。扎实推进VEP核算成果应用试点，首次选定万安县生态鱼育种基地及配套

图7-1 创新"VEP+生态鱼"贷助力绿色产业发展

养殖水库进行VEP精算，并对全县104座小型以上水库等开展试点。县普惠金融服务中心联合县发展改革委聘请第三方对万安两山渔业公司进行特定地域单元VEP核算，测算其VEP总值达5 201.59万元。基于该VEP报告及公司发展前景，县农商行创新性地以水资源、固碳、土壤、水面经营等生态资源的未来收益权为质押，成功向两山集团的生态鱼育种基地项目投放700万元贷款。这一实践有效利用了万安湖、心安湖及众多水库的优质水面资源，在推进库汊退养、探索大水面养殖模式（实施生态鱼养殖4万亩）的同时，鼓励金融机构开展“VEP+生态鱼”产业试点，为生态鱼全产业链（苗种繁育、养殖、加工、销售）发展注入金融“活水”，实现了生态资源与绿色金融的深度融合，开辟了“绿水青山”转化为“金山银山”的新路径。

立足36万亩竹林资源禀赋，为竹产业发展提供资金支持，全力推进1 000亩竹科技产业园项目建设，为竹产业规模化、科技化发展注入强劲动能。着眼于提升农业抵御风险能力，创新推出商品林综合保险、公益林综合保险等绿色金融保险产品，为林业生产经营筑牢风险防护屏障，助力竹木产业稳健前行。林业产业的金融赋能，充分彰显了万安县“以林为基、以绿生金”的发展智慧。

2. 富硒产业融资深化

作为全国富硒示范县、国家富硒水稻标准化生产示范县及江西省富硒功能农业一类重点县，万安县立足富硒农业、生态旅游等特色产业优势，推动富硒产业集群发展。完善金融扶持机制，重磅推出“富硒贷”普惠金融产品，构建起覆盖龙头企业、产业基地、种植大户的全链条贴息贷款扶持体系。全县富硒产业贴息贷款覆盖经营

图7-2 万安富硒蜜柚

主体突破 4 500 户，累计放贷规模达 10.36 亿元，直接推动产业向规模化、标准化、品牌化转型升级。

万安县成功打通"资源变资产—资金活产业—生态促共富"的价值转化闭环。一方面，通过产业链金融精准滴灌关键主体，使产业示范带成长为县域经济绿色增长极；另一方面，以金融创新激活生态产品价值，带动农民创业增收，为生态文明试验区建设提供可复制的"万安经验"，彰显绿色金融将生态优势转化为经济优势的核心引擎作用。

三、融擎双驱：构建"绿色普惠 + 生态治理"新模式

1. 强化政银企战略合作

政府主导构建绿色普惠网络。万安县以"需求导向、服务提效"为突破口，构建起覆盖城乡、贯通产业链的绿色普惠金融服务网络。一是夯实服务基础，设立 117 个绿色金融窗口和服务站，印发《关于做好 2023 年万安县"富硒贷"惠农工程的通知》等政策文件，明确各单位工作职责，形成"需求响应—服务供给—效能提升"的协同机制；二是精准扶持产业，对符合条件的乡村富硒龙头产业基地、种植大户给予重点贴息贷款扶持，确保政策有效落实；三是强化惠民实效，积极和银行机构对接，最大程度地争取惠民贷款利率，并结合实际情况提供财政贴息，显著降低融资成本，提升经营主体的贷款意愿。

发挥企业主体作用，构建认证体系，完善绿色名录。万安县普惠金融服务中心推进绿色金融和普惠金融融合发展，联合发展改革委、工信、农业、市监、住建等部门推动绿色认证、有机认证、绿色建筑认证，建立绿色项目、绿色企业、绿色新型农业经营主体名单库并进行动态管理，完善绿色信贷产品、绿色保险产品信息清单目录。充分发挥江西省农业信贷融资担保公司万安分公司、万安县茗信融资担保有限公司等企业的作用，加快"生态渔业""富硒农业""林业经济"等绿色产业发展。

创新多方合作机制，优化服务体系，打造示范样板。强化政银企合作

方式，探索“政府 + 银行 + 担保 + 保险”多方风险分担机制，打造绿色金融示范县，优化绿色金融服务体系。引导和鼓励各银行机构积极拓展绿色信贷业务，设立绿色普惠金融服务站、绿色金融窗口，创新绿色金融产品，简化绿色贷款审批流程等。升级服务，定期到乡村进行政策宣传，让创业群众在家门口完成贷款，让绿色金融政策真正惠及基层。适度降低市场准入门槛，采取绿色贷款风险补偿机制等措施，做大绿色金融贷款总量。

2. 打通金融惠民渠道

强化政策支持和资金保障。通过完善担保贷款、创业培训、创业孵化等全链条服务体系，为创业者搭建成长平台。针对山区群众对创业政策知晓度低、进城办理贷款不便等难题，当地创新服务模式，在涧田、弹前等偏远乡镇设立创业贷款服务点，组织金融专员深入产业园区、田间地头开展政策讲解，为涉农企业及合作社提供融资指导，有效破解资金短缺困境。创业贷款业务覆盖全县 16 个乡镇金融服务网点,实现群众“足不出乡”即可享受低息贷款服务，积极开展“整村推进、整村授信”，全力支持产业示范带建设。建立贴息政策精准推送机制，对符合条件的主体进行政策引导，向林农清晰展示质押贷款“盘活资源—获得资金—促进保护”的良性循环机制，有效激发保护公益林和天然商品林经营者的积极性、主动性。

提升金融服务的便捷性、高效性和专业性。万安农商银行枧头支行深耕本土,以整村授信为出发点,全力赋能乡村振兴。立足本土金融服务优势，深度聚焦万安县富硒资源、水资源、生态鱼等特色产业的发展需求，持续扩大金融服务覆盖面与资金投放规模。始终秉持服务下沉理念，致力于打造扎根基层、贴近民生、精准服务小微企业的“百姓银行”，让金融服务真正成为连接产业发展与百姓生活的坚实桥梁。面对农村空心化难题，江西万安农商银行创新“三步走”策略：联合村委会梳理常住人口，筛选预授信名单；走访种植养殖大户，提前对接资金需求；多渠道宣传金融政策，消除村民疑虑。枧头支行依托预授信名单，开展“上门行动”，对返乡务工人员建立预约台账；通过优化金融服务、畅通银企对接通道，有效破解了企业融资难题，促进了金融与实体经济的深度融合。

3. 绿色金融赋能生态治理

万安县统筹推进山上造林与山下绿化，全力实施国土绿化试点示范、赣江源生态综合治理等重点工程，以金融赋能推动生态空间扩容提质。全县已发放 4.5 亿元贷款，完成人工造林 15 万亩、毛竹林改造 1.5 万亩、油茶培育 1.6 万亩，森林覆盖率提升至 71.81%，构筑起绿色生态屏障。在生态治理领域，聚焦水环境污染防治与城乡人居环境改善，大力支持城区污水处理、三峡水环境治理、十八口塘片区综合整治、工业园区污水处理及农村人居环境治理等项目建设。其中，十八口塘片区综合整治项目成功入选江西省城市更新第一批优秀案例，在全省率先实现集镇生活污水集中处理全覆盖。积极推动小微产业园标准化厂房、教育补短板、"两站"等绿色建筑项目建设，已发放贷款 5.4 亿元，助力基础设施绿色升级。重点支持万弘高新稀土循环利用等资源节约与循环利用产业项目，推动形成绿色低碳产业发展模式，让生态优势转化为经济高质量发展的新动能。

万安县聚焦清洁能源领域，大力支持东润环能风电场、井冈山航电枢纽、高山嶂风电场、三峡新能源万安韶口渔光互补光伏项目等项目建设，

图7–3　风力发电

图7-4 井冈山航电枢纽

累计发放绿色贷款 12.58 亿元，为能源结构绿色转型注入强劲动能，同时也为实现“双碳”目标提供了坚实的项目支撑与实践样本。在高陂镇 10 公里产业示范带建设中，集中金融资源创新特色服务模式，通过“金融 + 龙头企业 + 农户”“金融 + 合作社 + 农户”等联动机制，为 75 户新型经营主体累计授信 5 453 万元，为产业带覆盖农户授信 3 亿元、发放贷款 6 500 万元，激活了乡村产业振兴的内生动力。依托丰富的红色、古色、绿色生态旅游资源，万安县加大对高岭宿集、百嘉老街、万安湖生态旅游基础设施、芙蓉古镇旅游基础设施、红豆杉养生谷等生态旅游项目的金融支持力度，累计发放绿色贷款 6.3 亿元，助力打造集红色文化体验、古村风貌游览、绿色生态康养于一体的旅游产业集群，推动生态资源优势向旅游经济优势转化，为县域经济高质量发展注入新活力。

第二节 协同共治：多元补偿创新激励引擎

以制度创新破解生态保护与经济发展的矛盾困局，构建约束与激励并重的生态治理新范式。整合政府、企业和其他社会力量，对生态保护成效显著的区域实施精准补偿，形成多方共担责任的治理网络。完善追责闭环体系，对损害行为实现“责任认定—损失量化—修复落实”全过程监管，配套生态环境损害赔偿制度，确保生态破坏行为得到及时纠正。创新生态补偿资金使用方式，将补偿资金与产业发展深度融合，扶持富硒农业、生态旅游等特色产业，通过贷款贴息、税收优惠等政策，引导企业和农户将生态保护转化为绿色发展动能。

一、双向驱动："纵向—横向"生态补偿协同共进

万安县立足县域生态禀赋与发展实际，创新实施"纵向强基、横向拓面"的双向驱动策略，有效解决生态保护与经济发展的协同难题。通过政府引导撬动多元主体参与，构建了深度融合、互促共进的可持续发展模式，为"绿水青山"转化为"金山银山"并实现反哺开辟了制度化通道。

1. 纵向驱动：强基固本，筑牢生态根基

将"纵向强基"作为核心驱动策略，积极争取并高效整合来自中央和省级层面的政策、资金与监管支持体系，为县域重大生态修复与保护工程注入强大动能，系统性弥补生态环境治理的关键短板。

政策与资金的强力支撑构成了纵向驱动的基石。万安县主动对接国家生态战略，精准谋划项目，成功争取到中央财政专项资金，并有效叠加省级配套资金，形成了强有力的上级财政支持网络。赣江流域生态修复工程

图7-5　万安县森林俯拍图

便是这一精准投入的典范，中央与省级资金，被重点用于岸线脆弱区域的植被重建、退化湿地生态系统的科学修复以及关键水土流失区域的水土保持工程，显著改善了赣江流域的生态基底功能，增强了水源涵养、生物多样性保护等核心生态服务能力，为后续的生态价值转化和反哺奠定了坚实的自然基础。

红线管控与严格监管是纵向驱动不可或缺的刚性保障。基于县域生态保护的核心需求与资源开发现状，科学划定了生态保护红线，并确保其精准落地，清晰标注了红线区域内的主要生态系统类型及其主导生态功能，配套实施了最严格的管控措施，严禁不符合生态功能定位的开发建设活动，从空间上筑牢了生态安全的屏障。相关职能部门，特别是县林业局，切实履行了法定职责，对全县森林、湿地资源进行全方位、常态化的监督管理。通过精心组织实施林业生态保护修复行动与大规模的造林绿化工程，持续巩固和拓展绿色生态空间，显著提升了森林覆盖率和生态系统质量，进一步夯实了“绿水青山”的根基。

顶层设计与考核督导则为纵向驱动的有效实施提供了方向指引和制度保障。万安县在履行各项生态职能中，坚定不移地坚持和强化党对林业等关键生态领域工作的全面集中统一领导，确保生态保护工作始终沿着正确的政治方向前进。严格依据省市统一规划部署开展各项工作，将禁捕退捕与乡村振兴、生态文明建设深度结合，确保了政策目标清晰、执行步骤扎实、考核评估有力，有效推动了赣江水域生态修复、环境保护与绿色发展的协同并进，保障了上级政策的精准落地与目标达成。

纵向补偿不仅直接提升了万安的生态环境本底质量，更通过提升生态系统服务功能，为后续的横向协同治理、生态产业培育以及最终的“金山银山”反哺“绿水青山”创造了不可或缺的先决条件。

2. 横向驱动：拓面协同，激活生态价值共享网络

万安县深刻认识到，生态系统的整体性与行政边界的分割性存在天然矛盾，单一县域的治理难以应对流域性、区域性的环境挑战，生态价值的

实现更需要市场活力与社会参与的深度激活。"横向拓面"策略的核心在于通过机制创新，将生态保护与发展的责任、成本、效益在更广的维度上进行连接与分担，实现从"独善其身"到"美美与共"的跃升。

区域协作机制的建立是横向驱动的首要突破。万安县直面跨行政区域生态治理的难题，秉持"共抓大保护、不搞大开发"的理念，创新性地推动与赣江干流、遂川江上下游县市开展平等协商。通过反复沟通与利益协调，成功建立了稳定、透明、可操作的横向生态保护补偿制度，明确了"谁受益、谁补偿，谁保护、谁受偿"的原则，科学设定补偿标准、核算方式与支付流程，实现了跨区域生态协同治理的常态化。区域协作机制不仅有效解决了上下游在水源地保护、水质保障、生态修复等方面的责任界定与成本分担问题，更通过"成本共担、效益共享"的契约精神，强化了源头污染的联合防控，形成了流域环境的区域共治合力。

部门协同联动的深化是横向驱动在县域内部的强力引擎。万安县深知生态环境治理的复杂性和系统性，坚决打破传统"条块分割"的部门壁垒，着力构建"大环保"工作格局，围绕核心目标形成深度的业务融合与资源整合。县工信局与县工业园区管委会携手，积极探索并推广"工业园区第三方环境污染专业化治理"模式，引入市场力量提升工业污染治理的专业化水平和效率，为产业绿色转型提供了新路径。面对"双碳"目标，县工信局、县发展改革委、县交通运输局、县住建局等部门紧密联动，协同推进工业、能源、交通、城乡建设等重点领域的碳达峰行动，系统实施"降碳"工程，确保了产业结构调整、能源结构优化、绿色交通体系建设、节能建筑推广等减排措施能够形成合力，共同支撑县域的绿色低碳转型大局。

市场机制创新是横向驱动中激发内生动力的关键密钥。万安县敏锐地把握到生态资源"沉睡"与价值"变现难"的痛点，大胆创新，推动成立了实体化运作的两山公司。以打赢"两山"转化突破攻坚战为核心使命，通过专业的市场化手段，对县域内分散、碎片化的优质生态资源进行规模化收储和专业化整合，化零为整，提升资源禀赋的整体价值和议价能力。

创新了资源收储模式、项目运营模式和价值变现模式，突破了生态资源“度量难、抵押难、交易难、变现难”的瓶颈，真正疏通了“资源变资产—资产变资本—资本变资金”这一价值转化链条的“最后一公里”，使沉睡的生态财富源源不断地转化为支撑县域绿色发展的真金白银。

社会多元主体的参与是横向驱动不可或缺的广泛基础。生态保护与价值共享的最终落脚点是惠及人民，也需要全民共建。万安县在推进重大项目时，注重引导和吸纳社会力量的参与，使其成为生态治理的见证者、参与者和受益者。在万安湖国家湿地公园的保护与修复项目中，精心组织的增殖放流活动，通过邀请公众、志愿者参与放流，既有效补充了鱼类资源、维护了水生物多样性、促进了水体环境的持续改善，更极大地提升了社会公众的生态保护意识，让抽象的“生态效益”通过具体行动变得可感可知，生动体现了生态成果的共建共享理念。这种社会参与，与区域协作、部门联动、市场运作共同构成了横向驱动的立体网络，使生态保护与价值转化不再是政府的“独角戏”，而是汇聚各方智慧的“大合唱”。

万安县的“横向拓面”实践，通过构建跨区域共治机制、深化部门协同联动、创新市场化运作平台、引导社会多元参与，成功拓展了生态治理的参与面和生态价值的共享面。它打破了地理的限制和行政的边界，汇集政府与市场、社会的力量，在更广阔的维度上激活生态要素，促进生态价值的流动与增值，为“绿水青山”持续转化为“金山银山”并实现区域共同富裕构建了四通八达的协同网络。

二、生态追责：多举措全链条追踪

1. 机制破壁，搭建生态保护框架

以“警察蓝”守护资源“生态绿”，通过机制创新与技术应用双轮驱动，压实生态责任，推动生态环境高质量发展。县公安局建立健全常态打击整治机制、合成集群作战机制、行刑无缝衔接机制“三大机制”快速有效有力打击生态环境违法行为，聚力保护生态环境安全。公安机关主动担

负保障和促进生态文明建设的政治责任，将打击环境污染犯罪工作摆在重要位置，积极联动相关部门，协同打好污染防治攻坚战，为万安打造赣江中游生态经济带高质量发展"桥头堡"贡献公安力量。组建相应的鉴定评估专业机构，在全县范围内构建责任明确、机制完善、保障有力、赔偿到位、修复有效、公开透明的生态环境损害赔偿制度。

芙蓉镇结合工作实际，制定目标考核体系，印发《芙蓉镇林长制镇级会议制度》等六项制度，进一步强化保护和发展林业资源责任，充分发挥考核的导向、激励和约束作用。健全林长制工作机制，有助于进一步提高林长制工作效率和工作质量，确保林长制工作落地生根、取得实效。建立生态护林员绩效考核机制，扭转职责不清、赏罚不明的局面，有效破解"干与不干一个样、干多干少一个样"的困局，以明确的考核标准、合理的激励措施，深度激发生态护林员的工作潜能，充分调动其工作的主动性与积极性。系统地组织编制森林火灾防治的科学规划与严密防护标准，并对其实施过程进行专业指导与监督，强化监测预警体系的精准性和时效性，加大督促检查工作的力度。

2. 权责明晰，筑牢生态屏障

万安县系统构建了权责明晰的生态环境保护责任体系与综合治理机制。通过明确界定各部门、各单位生态环境保护职责，建立了一个覆盖全面、职责明确的生态环境保护责任体系，确保每项工作主体明确，避免责任不清、相互推诿现象的发生。对于那些在生态环境保护工作中履职不力、违反相关规定的单位和个人，将依法依规进行严肃问责。在严管严控生态环境风险的同时，县公安局坚持惩处犯罪和修复生态并重，积极推进生态环境损害赔偿工作，引导违法犯罪嫌疑人以补植复绿、增殖放流等方式，履行生态修复义务，保护生态环境安全。

通过建立健全湿地保护管理制度，组建工作组严格管控自然保护地用途，并创新推行"警力＋民力"巡查模式，下沉警力对山林、水域等实施常态化巡查，以应对点多面广的环境风险。采取明确责任、严格问责、精准认定、合理赔偿与科学修复等综合举措，使万安县生态环境保护成效显著，为县域可持续发展和民生福祉筑牢了生态屏障，贡献了“万安经验”。

三、激励引擎：构建生态补偿激励政策体系

万安县深刻把握“绿水青山就是金山银山”的发展逻辑，以解决生态保护与经济发展协同难题为导向，创新构建了“制度改革 + 政策创新 + 市场驱动”三位一体的生态补偿激励体系。该体系通过制度性变革明晰权责、激发内生动力，通过精准化政策引导行为、撬动多元投入，通过市场化机制激活要素、打通价值转化通道，成功推动生态保护从“被动约束”向“主动增值”转变，实现了生态效益、经济效益与社会效益的深度融合与良性循环。

1. 制度改革：明晰权责，构建长效协同机制

通过系统性变革，在资源权属、区域协作和基层管护三个关键维度上构建起权责清晰、激励相容、协同高效的运行机制，为生态保护与价值转化的可持续性奠定坚实基础。

在激活林业资源潜能方面，万安县持续深化集体林权制度改革，通过出台《万安县 2024 年林业产业发展奖补扶持办法》等政策，精准聚焦“明晰产权归属、放活经营权、保障收益权”这一核心。改革的关键突破在于大力鼓励和支持林农通过出租、入股、托管、互换等多元化方式流转林地经营权，有效推动了原本分散、碎片化的林地资源向新型林业经营主体集中，实现了林地资源的规模化、集约化经营。建立起了紧密的“联农带农富农”机制，使广大林农真正成为生态保护与林业产业发展的直接参与者和主要受益者。全县布局建设 17 个县乡两级毛竹资源培育基地，有力推动了毛竹产业集群的形成与发展；借助“中油项目”契机，建设现代化的油茶仓储集散中心，成功盘活了“万亩油茶山”资源，致力于打造集种植、加工、销售、文旅于一体的油茶一二三产业融合发展示范综合体；充分利用退耕还林地和新造林地空间，积极引导和推动林下经济向规模化、产业

图7-6　赣江（万安段）两岸

化、链条式方向发展。林权制度改革通过确权赋能，为盘活沉睡的林业资源、发展生态友好型产业提供了坚实的产权基础和制度保障，将"绿水青山"的资源优势转化为产业优势。

着力健全跨区域流域横向生态补偿制度，成功打破了传统的行政区域壁垒。县政府与赣江上下游县市共同签订了第二轮赣江流域上下游横向生态保护补偿协议，创新性地以流域跨县界交接断面水质考核结果作为核心量化依据，科学构建了一套权责界定清晰、补偿标准明确、操作流程可行的横向生态补偿机制，成功打破了"各自为政"的行政藩篱，建立起了涵盖信息共享、联合监测、协同执法、资金共担的全方位、多层次跨区域联动治理体系，有力推动了流域上下游从分割管理走向"责任共担、成本共摊、效益共享"的命运共同体，将流域生态保护工作从过去主要依赖临时性、单一化的行政协调，升级为制度化、规范化和长效化的协同治理实践。协议约定的专项补偿资金被严格限定并精准投入于赣江流域的水污染防治项目、水生态系统修复工程以及水环境监测监管能力的系统性提升，为保障流域水环境的长治久清提供了持续、稳定的制度性支持。

建立了生态护林员"责任田"制度，有效激活了生态管护的"神经末梢"。

将县域内需要重点管护的森林、湿地等生态区域，依据地理分布和管理需求，科学划分网格，明确指定生态护林员负责特定的“责任田”，并与生态护林员的劳务报酬直接紧密挂钩。这一制度从根本上激发了基层一线管护主体的内生动力和责任感，实现了从被动接受任务的“要我保护”向主动履职尽责的“我要保护”的深刻转变，显著提升了生态资源源头管护的效率和效果，更在广袤的乡村山林间构筑起了一道坚实可靠的生态安全防线，确保了生态保护政策和制度在“最后一公里”的有效执行。

万安县通过深化林权改革、健全流域补偿、创新基层管护这三大制度的建设，系统地理顺了生态保护中的权、责、利关系，构建了从资源确权到区域协同，再到末端落实的完整制度链条，为生态补偿激励体系的有效运转和生态价值的持续实现提供了根本性的制度保障和长效运行框架。

2. 政策创新：精准激励，引导行为转变与产业培育

通过精心设计多样化、精准化、靶向化的扶持政策，有效引导资金、技术、人才、数据等要素资源向生态保护和绿色产业领域集聚，强力驱动生态保护行为由被动约束转向主动增值，实现生态效益、经济效益与社会效益的深度融合。

靶向产业扶持政策是驱动特色生态产业勃兴的核心动力。万安县深刻理解“靠山吃山、靠水吃水”的绿色发展真谛，紧密围绕县域最具优势的“硒、鱼、竹”三大特色生态资源，密集出台了一系列高含金量的产业扶持政策，将生态补偿的宏观理念与乡村振兴的微观实践深度绑定。在竹产业领域，连续印发了《万安县毛竹产业提升发展三年（2019—2021）行动实施方案》《万安县关于加快推进竹产业高质量发展实施意见（试行）》《2023 年毛竹示范基地升级改造项目实施方案》《万安县毛竹产业高质量发展三年（2024—2026）提升行动实施方案》，不仅设立竹产业发展基金为全产业链注入活力，更对林农实施的毛竹低产林改造、笋竹两用林建设追加奖补，显著降低了经营成本，极大提升了林农的积极性，有力推动了毛竹的高效培育、精深加工和产业链价值跃升。生态渔业方面，紧密结合万

图7-7 油茶种植

安湖等重要水域的生态修复成果，科学规范引导生态健康养殖模式，既保障了渔业资源的可持续利用，又促进了渔业产值和生态价值的同步增值。对于油茶产业，县政府不仅扎实落实《万安县推动油茶产业高质量发展三年行动计划（2023—2025年）》《万安县中央财政油茶产业发展示范奖补项目实施方案》，广泛动员村组干部深入宣传奖补政策，重点扶持贫困户和一般农户参与低产低效油茶林改造和高产油茶新造，通过示范引领带动产业整体提质增效，使其成为林农脱贫致富、乡村产业振兴的坚实支柱。

强化财税金融支持是降低绿色发展门槛的关键杠杆。万安县充分运用财税金融工具的精准调控和撬动作用，显著降低市场主体参与生态保护和绿色产业发展的成本与风险。税务部门积极作为，主动落实研发费用加计扣除、增值税留抵退税等国家税收优惠政策，有效减轻了涉生态环保技术研发企业、林业加工龙头企业的税费负担，直接激励其增加环保设备投入、提升污染治理技术水平和产品绿色附加值。同时，县政府创新财政投入方式，设立竹产业发展基金等专项基金，为生态产业链上的关键环节、初创企业或具有示范效应的项目提供直接、灵活的资金支持，有效发挥了财政资金"四两拨千斤"的杠杆效应，撬动更多社会资本、金融资本涌入绿色产业领域，共同分担绿色产业发展初期的投入压力，为产业勃兴注入金融“活水”。

完善生态补偿与奖补联动政策是“保护者受益”原则落地的制度保障。万安县的政策设计始终贯穿“受益者付费、保护者受偿”的核心思想，致力于让为生态保护付出努力的主体获得实实在在的经济回报。这不仅仅体现在前述的生态护林员绩效薪酬直接与管护成效挂钩的制度创新上，更深刻地融入了各类产业发展的奖补政策内核之中。无论是油茶新造林或低产林改造的补贴，还是毛竹低改的专项奖补，其本质都是对林农主动采取生态友好型、资源可持续的经营行为所支付的“生态薪酬”。从事森林管护、实施水土保持、参与湿地修复、发展林下经济等生态保护修复活动，以及投身于符合生态要求的绿色产业生产经营，不仅是在履行环保责任，更是创造经济价值、获得市场回报的有效途径。

3. 市场驱动：激活要素，打通价值转化通道

市场驱动是生态补偿激励体系实现价值倍增的核心引擎，通过机制创新高效激活沉睡生态资源。万安县成立实体化运作的两山公司，系统性破解资源碎片化难题。公司构建“实体运作 + 云端数据 + 线上交易”三位一体平台，对县域分散的林地、水域等生态资源实施规模化收储与专业化整合，并通过协议托管、作价入股等灵活模式获取经营权。通过平台交易、资产证券化及绿色金融工具（生态贷、绿色债券），打通“资源—资产—资本—资金”转化链的关键堵点，使生态资源转化为可度量、可交易、可融资的市场化资本。

县发展改革委和水利局合力推进的赣江流域 EOD 项目，成为市场驱动的另一标杆。该项目将投入大、收益慢的流域治理与生态旅游、康养度假等关联产业捆绑开发运营，用产业增值收益反哺生态投入，实现项目整体平衡甚至盈利，为生态价值市场化转化与可持续反哺探索出可复制的开发性补偿新路径。万安通过造林绿化、森林经营提质增效（毛竹、油茶）、湿地修复持续扩充优质碳汇储量，进一步拓宽“绿水青山”转化为“金山

银山"的市场渠道。

实践证明，通过系统性的制度设计、精准化的政策工具和市场化的运作手段，完全能够有效激活沉睡的生态资源价值，将生态优势转化为发展优势，实现生态保护、经济发展与民生改善的协调共进，为生态脆弱地区和经济欠发达地区走出一条绿色崛起的高质量发展道路提供了宝贵的"万安经验"。

第三节　硬核支撑：多维联动释放生态潜能

万安县通过外部资源导入、市场机制构建与智力支撑协同发力，全面激活生态资源潜能。成功借助高校及国家机构的技术支持，推动富硒农业、生态旅游等特色产业实现标准化生产与制度化保障，提升产业附加值，显著提升生态产品市场竞争力。构建覆盖生产、加工、销售全链条的多层联动运营体系，打造"心安万安"区域公共品牌矩阵，打通生态产品从资源端到消费端的市场化通道。完善制度保障，通过责任考核压实生态治理任务，并联合科研机构开展技术攻关，将创新成果转化为产业升级动能，实现"资源整合—产业融合—价值跃迁"的可持续发展，探索出一条生态资源富集地区高质量发展的特色路径。

一、生态筑基：帮扶增效实现生态价值

1. 三峡集团帮扶：全方位助力县域发展

通过三峡集团与国家林业和草原局的定点帮扶，以生态筑基为核心、以产业帮扶为抓手，为县域生态价值激活带来了战略机遇。自 2003 年以来，中国长江三峡集团有限公司（以下简称"三峡集团"）积极贯彻党中央、国务院决策部署，对江西省万安县实施定点帮扶。三峡集团充分发挥自身优势，对万安县清洁能源、生态环保等项目进行定点帮扶，致力于把风光水资源变成农民致富和乡村发展的源头活水。重点打造光伏发电、水土保

图7-8　三峡集团参与农村污水治理

持等特色项目，在不影响水面养殖及土地种植、不改变土地性质的情况下，实现水面、土地综合利用，最大程度地实现资源互补，提高土地和水面利用率。2020 年 3 月启动的五丰镇西元村高岭古村落建设百美村宿旅游项目，三峡集团累计投入帮扶资金 2 500 万元，通过“企业 + 村集体 + 农户”的合作模式，与当地 300 余户农户建立紧密的利益联结机制。该项目不仅实现年分红 50 万元以上，还带动 30 多名村民就地就业，人均年收入突破 3 万元，成为文旅融合促进乡村振兴的示范工程。三峡集团立足万安县发展实际，通过“五位一体”帮扶体系助力推进乡村振兴，形成生态优先、产业升级、民生改善的协同发展格局，构建起生态价值转化、产业链条延伸、民生福祉提升的良性循环体系。

2. 国家林业和草原局支持：推动生态产业升级

自 2014 年国家林业和草原局对口支援以来，万安县依托得天独厚的自然资源和深厚的文化底蕴，成功跻身“国家主体功能区建设试点示范县”

和"全国生态文明工程试点县"，开启绿色发展新征程。通过系统谋划，相继获批万安国家森林公园、万安湖国家湿地公园等自然保护地称号，万安不仅收获了"生态名片"，更构建起覆盖政策支持、保护体系、品牌价值的绿色发展框架，为生态资源的保护性开发与价值转化奠定坚实基础。

国家林业和草原局挂职干部深度融入万安绿色发展实践，紧扣发展需求，充分发挥沟通协调作用，积极推动赣江源区生态综合治理项目与国土绿化试点示范项目落地。在政策资金的有力支撑下，万安县生态治理成效显著。

在国家林业和草原局的战略引领与政策赋能下，万安县以"生态产业化、产业生态化"为导向，重塑现代林业产业格局，推动传统林业向绿色经济转型。为做足"竹"文章，组建了由国家林业和草原局下派挂职领导任组长的竹产业工作专班，邀请中国竹产业协会会员企业实地考察产业项目，并签订战略合作协议；建设速生丰产林基地和笋竹两用林基地，完善竹林道路等基础设施；签订 50 万亩高标准国家储备林项目建设合作协议，占地 1 000 亩的万安竹科技产业园正在建设。

图7–9　茶叶基地

典型案例：三峡集团参与援建的万安县田北农民画村

三峡集团聚焦环境提质与生物多样性保护，在生态振兴领域累计投入 4 356 万元以实施生态治理。通过村庄美化、河道整治、湿地修复等工程，推动 73 个自然村完成环境升级，建成生态示范村 12 个，助力万安打造宜居宜业和美乡村，推动城乡融合发展。

三峡集团构建“线上＋线下”立体助销网络。依托“三峡 e 购”平台开设消费帮扶专区，在三峡坝区旅游点设立爱心驿站，并借助京东渠道开通万安农特产品自营馆，配套全国物流体系。通过全链条支持，促进万安富硒米、生态鱼等特色农产品市场竞争力的提升，累计带动销售超 4 000 万元，激活农业产业发展内生动力。民生帮扶覆盖教育、基建、健康、救灾等多维度。投入 9 961 万元用于学校建设、留守儿童关爱及教学设备升级；在基建领域捐赠 6 878 万元，用于桥梁道路、水利设施、移民安置等工程，切实提升群众生活便利性；投入 6 670 万

图7-10　三峡集团参与援建的万安县田北农民画村

元用于完善医疗设备、支持卫生院建设，并实施人工耳蜗项目，为贫困人口购置保险，筑牢基层医疗保障网；捐赠965万元用于救助救灾，支持抗旱防汛及防返贫救助，为乡村筑牢风险防线。聚焦特色产业提质升级，累计投入2.94亿元靶向发力，助力富硒产业标准化、规模化发展，推动富硒农产品走向市场，扩大规模。

投资高岭银杏村民宿等文旅项目，丰富乡村旅游业态，赋能"生态＋旅游"融合发展。打造万安首个集仓储、分拣、糖分检测等多种功能于一体的智能分拣中心，提升农产品附加值与市场竞争力。三峡集团在组织与人才建设方面，重点聚焦能力提升和基层治理，投入1 430万元完善县乡村振兴学院及乡镇人才实训基地，全面提升基层治理能力与群众就业创业水平。通过党建企地共建、培育农民合作组织等举措，强化农村基层党组织凝聚力，健全乡村治理体系。

二、机制聚能：多级平台连接激活市场动能

1. 搭建运营体系，推动生态产业融合开发

推进"生态＋产业"全链条开发，是实现生态产品价值最大化的重要途径。万安县立足本地生态资源优势，积极探索生态与产业融合发展的新模式，构建起从生态资源保护、开发到产品生产、销售的完整产业链条。在生态农业领域，充分利用富硒土壤资源，发展富硒农产品种植和加工产业。从种植环节的有机种植技术推广，到加工环节的精深加工产品研发，再到销售环节的品牌建设和市场拓展，形成了一条完整的富硒农产品产业链。万安县的富硒大米、富硒水果等产品不仅在国内市场畅销，还远销海外，成为万安的特色名片。在生态旅游领域，整合山水风光、红色文化、民俗风情等资源，打造了一批具有特色的旅游景区和旅游线路。

万安县深入践行"两山"理念，立足自身生态资源优势与市场化需求，通过创新机制与体系建设，全面激活县域生态资源潜能，为绿色经济高质

量发展开辟新路径。

在运营体系构建上，创新打造“1+17+N”“两山”转化运营体系。以县级两山公司为龙头中枢，整合 17 个乡镇子公司及 N 个村集体合作社、新型经营主体，形成全域覆盖的生态资源开发网络。其中，县级两山公司发挥总平台作用，承担全县生态资源的收储评估、项目策划与资本对接工作，成为生态经济发展的强劲引擎；乡镇子公司依托本地特色，聚焦富硒农业、林下经济、水域开发等领域，将零散生态资源整合包装为可运营的资产包；村级合作社则通过土地流转、劳务组织、收益分红等形式，带动农户深度融入生态产业链，形成“全域统筹、分级运作、多元参与”的生态价值实现新格局。

在生态权益交易方面，万安县积极探索创新，以县级两山公司为核心，联动 17 家乡镇两山公司，对湿地等生态资源开展指标交易。2024 年 3 月，万安县出售湿地“占补平衡”指标 600 平方米，成交金额 27 万元，成为吉安市首个湿地“占补平衡”指标交易案例。这既为湿地保护修复提供了资金保障，又实现了资源的经济价值。同时，该县还积极拓展碳排放权交易、用水权交易等领域，逐步构建起完善的生态资源交易市场体系，推动生态

图7-11　万安县两山渔业公司

优势加速向产业优势、品牌优势、竞争优势转化。

2. 强化品牌保障，激活生态经济发展动能

在品牌价值转化方面，万安通过市级交易平台完成首单线上生态品牌授权，将“一江鲜”和“壹江鲜”两个生态渔业商标权以竞拍方式授予优质企业。此次交易标志着万安县在生态资源交易领域迈出了实质性的一步，既增加了品牌附加值，又保障了生态保护责任的落实；并且借助互联网平台的优势，打破了地域限制，拓宽了生态产品的销售渠道，提高了生态产品的市场知名度和影响力。

万安县两山公司依托健全的体制机制与规范管理双轮驱动，为全县“两山”转化可持续发展提供坚实保障。在机制建设层面，以系统性制度创新突破转化瓶颈，形成权责明晰、运行高效的治理体系；在管理实践中，通过新组建专业运营主体、盘活存量资产及推进企业改制等举措优化组织结构，实现资源的有机整合与管理效能的全面跃升。两山渔业公司发布了《万安·湖鱼（鳙鱼）企业标准》，并成功通过了 GAP 认证，获得了中国良好农业规范认证证书和“江西绿色生态”认证证书等。2023 年，两山公司获评省级服务业龙头企业，2024 年又获评吉安市农业产业化市级龙头企业。在金融创新方面，两山公司在全市率先发放了“VEP+ 生态鱼项目贷”700 万元，并核算了龙溪生态鱼育种场项目的 VEP 总值为 5 201.59 万元。此外，两山公司还颁发了全县第一批林业经营收益权证，企业凭借该证成功获得了江西银行万安支行的授信贷款 130 万元。为了进一步挖掘闲置和碎片化的生态资源，两山公司谋划创建了乡镇“两山”资源运营有限公司，目前已经完成了 17 家乡镇两山公司的注册工作。这些举措不仅提高了生态资源的利用效率，也为当地的经济发展注入了新的活力。

三、智核驱动：实现“考评牵引 + 智库赋权”双循环

1. 制度护航生态治理，考核驱动生态责任落地

万安县紧扣生态与经济协同发展的目标，将生态价值转化融入制度设

计与创新实践之中，以政策考核科学化、智力支撑体系化、产业升级协同化为着力点，为“绿水青山”向“金山银山”的转化注入源源不断的强劲动能。以高度的责任感狠抓生态保护，全面落实生态保护责任，为县域实现生态绿色发展筑牢制度根基，提供有力的智力支持。同时将生态治理纳入县域发展的核心制度框架，通过构建科学化、系统化的考核评价体系，实现生态保护责任的刚性落实与动态优化。在健全生态环境质量监测与评价体系的基础上，对生态保护补偿责任落实情况、生态保护工作成效进行综合评价，并完善了评价结果与转移支付资金分配挂钩的激励约束机制。为强化考核结果的刚性约束，万安县通过业绩考核的方式，激励干部担当作为、强化工作责任、展示工作实绩。将“两山”转化工作纳入县直单位和乡镇高质量发展综合考核评价和干部业绩晾晒重点内容。这种做法不仅推动了生态保护工作的落实，也促进了干部能力的提升，为万安县的高质量发展提供了有力保障。

2023 年 7 月 7 日，江西省农业科学院万安富硒产业研究院、江西省农业科学院博士服务工作站正式揭牌，引进粮油、水果等 4 支技术团队 9 名专家 12 名研究生入驻，启动硒稻“增产增效”等富硒技术攻关。同时成立万安县富硒产业发展行业协会，通过打造富硒区域公用品牌、制定行业标准等举措，进一步规范和提升富硒产业的整体形象和市场竞争力。2024 年，万安县农业农村局启动了“产学研推”平台建设，创新“1+4+N”区域性农技推广综合服务运行机制，组建粮油、水果等 5 支技术服务队，根据乡镇重点产业推行分片包乡技术服务机制，设立专家工作室，引导 37 名技术员驻基地开展技术指导，打通了富硒产业农技推广服务的“最后一公里”。自开展院地合作以来，万安富硒产品研发和科研成果转化的步伐加快，富硒产品标准体系不断完善，全县有绿色、有机、地理标志农产品 64 个，新增认证富硒农产品 49 个。

2. 深化产学研合作，科技赋能产业升级

万安县与江西农业大学合作成立了万安县富硒产业研究院，致力于推

图7-12　江西省农业科学院万安富硒产业研究院揭牌

动富硒产业的技术攻关和产业发展。依托该校科研力量，建立了富硒井冈蜜柚科技小院，通过科技赋能提升蜜柚产业的生产效率和品质；与中国农科院、省农科院等科研院所合作，建立以企业为主体、科研院所为依托的生态渔业研发体系；联合东华理工大学邀请专家学者，对万安空间结构与用地布局等规划成果进行评审，为全县的长远发展提供专业建议；打造上中下游协同、产学研企结合的新型渔业科技创新模式和服务平台，已累计邀请专家、博士 32 人次提供服务指导，集中解决了 106 个瓶颈问题。

在人才培育方面，开展健康养殖、尾水治理、常见病防治、水产养殖法律法规等培训班 8 期，共培训 800 余人次，引进 16 名高层次人才建立万安生态鱼产业人才专家库，鼓励科技人员通过技术服务、入股、转让等形式参与生态鱼产业研发和创业。

联合江西省乡村产业振兴协会，聘请中国财政科学研究院等院所的专家，成立"两山"转化经济研究中心，下设智库、业务中心、支持中心，以智库专家挂项目模式，对"两山"转化项目进行全生命周期指导管理。成立"两山"学院，主动对接高校、专业机构，对从业人员进行业务培训，培养"两山"转化专业人才，仅 2024 年就已培训 800 余人次。

经验启示

万安实践深刻表明，实现生态产品价值转化并使其可持续，关键在于构建强有力的制度化保障体系。

一是做到“流转与抵押”并行，畅通“绿水青山”向“金山银山”转化的渠道。创新金融工具，激活生态资源，开发适配的金融产品，优化对接服务并推动政策落地，有效解决资金难题，将沉睡的生态资源转化为驱动产业升级和经济增长的现实资本，让生态资产切实转变为经济效益。

二是强化“补偿与交易”并重，建立生态产品价值实现的长效机制。建立多方参与、权责清晰的治理架构。创新性地设计综合机制，有力约束环境损害行为，积极引导各方力量共同投入生态保护，将生态责任转化为协同发展的内生动力，确保生态保护成果得到巩固并转化为经济收益。

三是注重“帮扶与创新驱动”并进，形成生态价值实现与产业升级的可持续发展格局。引入并有效整合高校资源，为生态筑基和产业跃升提供了关键助力。实施科学考核评估以及深化产学研融合，持续为生态治理和产业升级注入智慧与动能，确保制度设计转化为实际的发展成效。

第八章

战略化打造样板　纵深推进绿色低碳发展

推动经济社会发展绿色化、低碳化，是实现高质量发展的关键环节，是解决资源环境生态问题的基础之策，是促进人与自然和谐共生的内在要求。推动县域绿色发展向特色化、高水平迈进，是落实国家战略、彰显生态担当的关键着力点。万安县贯彻省、市部署，立足生态禀赋，厚植绿色优势，锚定“四个走前列”定位要求，系统集成生态保护修复、绿色产业升级、城乡环境美化、低碳循环发展，加快构建现代化生态经济体系，全力拓展“两山”转化高效通道，全面打造人与自然和谐共生典范。

第一节　持续深化县域绿色低碳发展

县域作为国家治理体系的基石，是落实绿色发展理念、实现生态惠民的关键阵地。在新时代绿色发展的征程中，万安县绿色发展的总体思路是：以先进理念为引领，明确生态优先路径，抓住“双碳”战略机遇并协同推进关键任务，依靠体制机制改革提供保障，形成节约资源和保护环境的空间格局、产业结构、生产方式、生活方式，全力服务美丽中国“江西样板”建设，加快推进人与自然和谐共生的现代化建设。

一、深入贯彻落实习近平生态文明思想

党的十八大以来，我国生态文明建设取得历史性成就、发生历史性变革，生态环境质量显著改善，美丽中国建设迈出坚实步伐。习近平总书记三次赴江西考察调研，高度赞誉江西生态秀美。习近平总书记强调，绿色生态是江西最大财富、最大优势、最大品牌，一定要保护好，做好治山理水、显山露水的文章，走出一条经济发展和生态文明水平提高相辅相成、相得益彰的路子，打造美丽中国"江西样板"。新征程上，万安县坚持以习近平生态文明思想为指导，深入贯彻习近平总书记考察江西重要讲话精神，牢固树立"生态优先、绿色发展"理念，坚持"党政同责、多元共治、转型升级、市场导向、依法治理"原则，着力构建党委领导、政府主导、企业主体、社会组织和公众共同参与的现代环境治理体系，加快补齐制度短板，将生态环境保护摆在更加突出的战略位置；重点在赣江流域保护、生态产业发展、人居环境整治等方面精准发力，切实将绿水青山就是金山银山理念转化为具体行动，努力打造美丽中国"江西样板"的县域典范，为全省高质量跨越式发展提供强有力的生态支撑。

二、坚持生态优先、绿色低碳发展道路

坚定不移走生态优先、绿色低碳的高质量发展道路，是深入贯彻习近平生态文明思想和统筹经济增长与生态保护，实现人与自然和谐共生的必然选择。江西以时代之笔描绘绿色转型新篇章，将低碳变革作为跨越式发展的核心引擎，持续重塑产业筋骨，构建清洁能源体系，奋力书写经济社会全面转型的绿色答卷。赣江之畔，万安湖的柔波轻抚堤岸，十八滩文化公园的晨光里，振翅的白鹭与奔跑的身影交织成韵——这幅生生不息的生态长卷，正是万安践行"两山"理念的生动诠释。未来，这座山水小城将续写保护与发展互促共荣的新传奇，在转型升级中诠释生态富民的真谛。一要持续守护，始终坚持生态底线。全面统筹"山水林田湖草沙"全要素管

控，发挥罗霄山脉和雩山山脉在生态保护格局中的核心作用，构建"一带、两屏、两核、多廊道、多节点"[1]的生态保护格局。以系统治理筑牢绿色根基，创新"生态卫士"综合执法，统合多部门构建全域监管天网；推进赣江、遂川江"两江四岸"生态修复，让水域重归"鱼翔浅底"的清澈底色。二要继续转型，以价值转化激活低碳动能。依托竹科技产业园打造竹纤维、竹基新材料等高端业态，依托"富硒贷"浇灌富硒稻田与富硒橙柚基地。三要强化共享，以生态经济赋能美好生活。深入打造高岭宿集的竹影民宿、田北画村的艺术工坊、红色罗塘的研学营地，全力建设好"1 小时生态旅游圈"。始终坚持从"生态佳"迈向"生态 +"，以系统思维贯通"绿水青山就是金山银山"的转化动脉，让每一寸土地都流淌绿色价值，让每个笑容都绽放幸福光芒。

三、以"双碳"引领协同推进降碳减污扩绿增长

"双碳"战略目标不仅是气候治理的必然选择，更是打开高质量发展新局的"金钥匙"，它要求我们在降碳中重塑能源筋骨，在减污中守护绿水青山，在扩绿中积蓄生态资本，在增长中培育绿色动能。江西以"作示范、勇争先"的担当，将"减污—降碳—扩绿—增长"四维协同融入国家生态文明试验区（江西）建设血脉，而赣江之滨的万安，正以县域实践奏响这场绿色变革的铿锵乐章。万安县锚定"零碳赣江门户·生态价值转化高地"发展目标，系统构建现代化绿色发展体系。一是规划建设四大核心指标。在降碳攻坚方面，2027 年清洁能源装机达 120 万千瓦，单位 GDP 二氧化碳排放较 2020 年下降 40%；在减污提质方面，要求赣江断面水质稳定保持在Ⅱ类、$PM_{2.5}$ 浓度 ≤ 23 微克 / 立方米、固废利用率 ≥ 98%；在扩绿增

---

[1] "一带"指赣江生态保护带。"两屏"包括县域西北侧罗霄山脉生态屏障和县域南侧雩山山脉生态屏障。"两核"为江西万安国家森林公园和江西万安湖国家湿地公园。"多廊道"是指万安县及周边区县重要生态源地之间的生态联系廊道。"多节点"指重要生态源地或重要生态廊道之间的交点。

汇方面，计划新增碳汇林 5 万亩，开发多个湿地碳汇项目，森林蓄积量年增 3%；在绿色增长方面，推动生态产业增加值占 GDP 比重突破 50%，碳汇交易年收益超亿元。二是构建“双轴三核”骨架的空间布局。依托赣江零碳发展轴布局水面光伏走廊与氢能船舶枢纽，沿罗霄山生态碳汇轴实施竹林碳汇工程，同时重点建设富硒农业碳中和核、绿色制造创新核、零碳文旅服务核。三是创新“双碳”发展机制。建立 GEP 与 GDP 双考核、乡镇碳预算管理、绿色转型基金及“环保医院 + 碳管家”服务体系，力争到 2030 年实现经济增长与碳排放彻底脱钩，形成赣江中游县域绿色协同发展的“万安范式”。

四、健全绿色低碳发展制度

党的二十届三中全会将建设美丽中国置于突出地位，明确要求“健全绿色低碳发展机制”，这一重大部署深刻回应了推动经济社会发展全面绿色转型的时代召唤。江西扎实推进国家生态文明试验区建设，在体制机制创新上敢闯敢试、走在前列，打造生态文明建设高地。万安县深刻认识到，要实现“绿水青山”向“金山银山”的高效转化，必须将制度创新作为核心引擎，系统构建支撑绿色低碳发展的“四梁八柱”。一是制度体系立柱架梁，强化顶层牵引。构建覆盖全域、贯穿全程的绿色低碳法规政策体系与标准规范，为各领域转型提供清晰遵循。健全生态环境分区管控制度，严守生态保护红线，优化国土空间开发格局。建立科学精准的绿色低碳发展统计监测、目标责任分解及考核评价体系，压实主体责任，确保蓝图落地生根。二是市场机制破壁赋能，激活内生动力。深化资源环境要素市场化配置改革，健全体现生态价值、碳减排贡献的资源价格形成机制。积极发展碳排放权、用能权、水权等交易市场，完善交易规则，扩大市场覆盖面。创新绿色金融产品与服务，畅通“绿水青山”向“金山银山”转化的金融血脉。完善财税激励政策，引导社会资本投向绿色低碳领域。三是治理体系协同高效，筑牢监管屏障。创新监管模式，推动跨部门、跨区域环境治理协同联动与信息共享，构建"大生态"综合监管格局。强化生态环境执法司法保障，提升执法效能与威慑力。运用大数据、物联网等现代信息技术，构建覆盖主要环境要素的智能监测网络，实现精准溯源、智慧监管。畅通公众参与监督渠道，凝聚绿色发展社会共识。当制度创新的活力充分涌流，当市场机制的力量有效激发，当治理效能的保障坚实有力，绿色低碳发展必将拥有澎湃不息的力量。

第二节　创新推动绿色低碳高质量发展

立足国家生态文明战略纵深推进新阶段，万安县紧扣江西省国家生态文明试验区、生态产品价值实现机制"双试点"建设要求，积极响应吉安市"争当绿色发展排头兵"的部署，以"走前列"的使命担当，系统谋划生态保护与经济发展协同共进新路径。面对生态文明建设的时代重任和"双碳"目标的刚性约束，主动对标《江西省打造国家生态文明建设高地三年行动计划（2024—2026年）》提出的"努力做到'四个走前列'"核心要求，立足自身生态禀赋与发展实际，强化"作示范、勇争先"的使命担当，在生态制度创新、环境质量提升、绿色低碳发展、生态价值实现"四个走前列"上争取标杆性突破。

一、生态环境质量巩固提升

作为"赣江滨水生态城"，在生态环境质量提升上走前列是万安县的政治责任与历史使命，更是实现绿色崛起的根本前提。必须以最高标准、最严要求、最实举措提高全域生态环境质量，筑牢高质量发展的绿色根基，描绘人与自然和谐共生的现代化美丽万安新画卷。

1. 以"系统治理"守护一江清水

习近平总书记强调要"以更高标准守护好蓝天、碧水、净土"。江西省委、省政府印发的《关于进一步加强生态环境保护　深入打好污染防治攻坚战的实施方案》亦将水环境治理列为重点。万安县作为“赣江滨水生态城”，守护赣江干流生态安全是其首要责任，这一责任构成了其自身发展的生态基底与现实起点。面对更高标准的环境保护要求和深入打好污染防治攻坚战的重点任务，万安迎来系统提升水生态质量的重大机遇。为此，需构建“江河坝岸一体化”全域治理体系，统筹赣江干流万安段左右岸、上下游协同治理，实施水岸、水源、水生物、水土的综合保护，严格管控水源涵养区土地利用，全域推进水土流失综合防治。为精准保障水质安全，需强化流域协同监测，建立“分段监测 + 溯源管控”机制，在赣江干流及主要支流汇入口布设智能水质监测站点，重点监控并追溯农业面源、工业排放等污染源，确保流入赣江的水质稳定达到Ⅱ类以上标准，实现“清水入江”的目标。同时，将积极融合湿地生态功能，发挥湿地公园的生态屏障作用，打造“湿地净化廊道”，借鉴相关技术经验，通过构建人工湿地群有效拦截净化农业退水及初期雨水，显著增强水体的自净能力。着眼长效管理与可持续发展，对标流域治理模式，计划构建“水生生物多样性保护 + 生态渔业增值”双路径，包括深化外来物种防控，科学增殖放流土著鱼类以修复生态；发展“以鱼控藻”生态友好型渔业，巩固禁捕成果。通过这些系统性措施，最终实现“一江清水映两岸，百里赣江绿如蓝”的美好愿景，确保赣江流域的长期健康与活力。

2. 以“精准防控”严控农业面源污染

污染治理和环境修复是提升环境质量的硬任务，万安须以“赣江流域生态修复攻坚行动”为重点，在攻坚克难上展现担当，落实污染治理“4+1”工程等要求。面临系统性提升流域治理能力、构建现代环境治理体系的重大契机，在农业面源污染治理上，推行全域分级分区精准防控，特别是在赣江岸线及主要支流周边的环境敏感区，强制实施化肥农药减量化行动，配套建设生态拦截设施，从源头削减污染负荷；同时建立农田退水智能监测网络，结合卫星遥感技术实现精准溯源与快速响应，并大力发展农业循环经济，推广粪污资源化利用模式，吸引社会资本建设区域性有机肥加工中心。在生态修复方面，系统优化湿地功能，进行分层分区净化设计，通过近岸植物拦截、深水区沉水植物与贝类配置提高脱氮除磷效率，并对退化湿地进行底泥疏浚与植被恢复。通过充分利用智能监测、生态修复等先进技术，整合政策资源与社会力量，万安有望有效突破治理瓶颈，实现生态保护与经济社会发展的协同共赢。

3. 以"空间优化"严控岸线资源利用

优化空间布局是统筹"赣江中游高质量发展经济带"保护与发展的关键，岸线资源的科学利用是塑造"江城共生"格局的基础。当前，"双碳"目标驱动的国土空间低碳化转型加速推进，省级赣江中游高质量发展经济带建设持续深化，生态修复技术升级与跨区域协作机制完善为岸线升级创造了多重机遇。万安将严格管控岸线功能分区，将碳排放强度纳入产业准入标准，严控新增高污染、高耗能项目，同步应用智慧监测体系提升多部门协同执法效能；创新修复赣江沿岸生态缓冲带，推进山水林田湖草系统治理与水土保持工程，探索废弃岸线区域复合利用光伏设施与低碳休闲场景；激活业态发展电动游船观光、湿地碳汇科普研学等绿色亲水项目，配套绿电充电基础设施，并深度融入流域协同治理框架，建立跨区域生态补偿机制强化保护合力。通过空间资源优化与低碳发展双轮驱动，构建江城共生的"百里风光带"，实现生态韧性、资源效益与绿色竞争力的全面提升。

二、绿色低碳转型纵深推进

面对"双碳"目标的时代命题与区域竞争的绿色浪潮，在绿色低碳转型发展上走前列，是万安县抢抓时代机遇、重塑区域竞争力的战略抉择，更是实现高质量发展的核心引擎。加速产业升级、能源重构与交通体系革新，推动生态与区位优势转化为绿色发展胜势，形成县域现代化可持续发展的新格局。

1. 以“产业升级”构建绿色制造新体系

产业绿色化是驱动转型发展的核心力量，万安要依托电子信息、新型材料等工业以及富硒农产品这一独特优势资源，构建产业绿色制造体系，大力发展绿色食品精深加工、清洁能源等特色产业。与此同时，国家“双碳”战略的深入实施、粤港澳大湾区产业的外溢与消费升级的加速，以及市场对绿色低碳产品日益旺盛的需求，为万安推动产业向绿色化、高端化迈进提供了有利条件。为把握机遇，万安需以数字化转型为核心抓手，在电子信息、新型材料等工业领域重点打造标杆性的“绿色智能工厂”，示范带动全县工业绿色水平整体跃升。探索县域“碳排放双控”转化机制，积极发展与本地高附加值产业捆绑的绿电直供零碳园区模式，严格限制“两高一低”项目，优先保障优质绿色产业的用能需求。要深挖富硒农产品这一核心优势，大力发展预制菜、功能性食品等高附加值精深加工产业，显著提升加工转化率，并协同发展林下经济，致力于建设面向粤港澳大湾区、赣中南地区，并积极探索东南亚市场的高品质、可追溯富硒农产品供应核心区。同时，必须着力延伸“绿电生产—零碳产业—生态品牌”这一核心价值链，通过绿证交易机制和精心打造“万安绿电”区域公用品牌，赋能富硒农产品深加工、零碳文旅等特色产业，从而实现生态资源的高效转化与资产化跃升。此外，鼓励龙头企业牵头构建绿色供应链，带动本地供应商共同升级，并加强与吉安市域及粤港澳大湾区在关键技术、金融资本、市场渠道等方面的协同合作，积极融入区域绿色生态圈。以上系统性的路径将使万安县全方位构建起绿色制造新体系，推动其产业坚定地向价值链更高端、生产过程更绿色、产品更具竞争力的方向迈进。

2. 以“能源重构”激活清洁低碳新动能

能源结构转型是实现“双碳”目标的关键路径，万安县当前享有赣江中游充沛的水能、充足的光照和稳定的中低山地风能等自然资源禀赋，发展水电、光伏和风电具备地理气象条件，农村地区有着利用农业废弃物生产沼气的优良传统。如何将得天独厚的资源禀赋转化为系统性竞争力，实现安全可靠的能源替代和整体价值增值，是万安新能源发展面临的紧迫课题。万安继续以本土资源为依托，系统性探索水域综合利用的创新模式。在山塘水域，将优化提升现有水电效能，并规模化发展"漂浮光伏＋生态养殖"模式，利用光伏板遮阴改善水质、促进高附加值水产养殖，实现"渔光双收"，同时探索利用自然水流辅助光伏板清洁。在山地丘陵，将推行"分散式风电＋低丘植被碳汇修复"模式，科学布局风机并同步实施生态复绿与发展林下经济，发展"高支架光伏＋林下种植或生态放养"的和谐共生模式。核心突破在于构建生物质能清洁循环与分季替代体系：建立全域生物质原料网格化收储运网络，在集中区域建设智慧化大型沼气多联产工程，夏季丰产期优先满足农业加工供热、热电联产乃至提纯为生物天然气，而冬季欠产期则智能调度风光水电及储能进行互补。同时升级分散式户用沼气保温性能，推动沼渣沼液高值化利用，生产有机肥滋养特色农业或用于微藻养殖，形成"废料—能源—肥料—农产品"闭环。

3. 以"体系革新"拓展低碳交通新路径

赣粤运河建设赋予万安重构交通体系的重大契机。一方面，在国家"双碳"目标的推动下，新能源交通技术加速成熟。另一方面，低空经济被纳入江西三年行动计划，为创新物流模式打开空间。万安县可借助地处未来赣粤运河国家战略通道关键节点，依托赣江水运优势构建低碳高效、多式联运的综合物流体系。这不仅是支撑产业转型和区域联通的基础，更是服务国家重大战略、提升区域枢纽地位的必然要求。在枢纽能级方面，加快万安水利枢纽 2 000 吨级码头建设，同步打造集成岸电的水上绿色服务区，借鉴上海临港模式构建船舶零碳停泊系统；在多式联运层面，加强高铁站与运河码头的"铁水一单制"衔接，探索无人机货运短驳覆盖末端物流，通过运输结构优化和多模态协同，推动区域清洁运输比例显著提高。随着光伏材料转化率不断提升、氢能成本迫近柴油，"公交车不加油"将从试点走向普及。万安可联动赣粤运河战略，打造全国首个"零油枢纽"样本——以运河为动脉输送低碳物流，以光伏氢能驱动绿色运力，以多式联运优化碳足迹，最终形成“水陆空”立体脱碳生态，为长江经济带提供可复制的交通减碳模式。

三、生态产品价值全面实现

在加快推动生态产品价值实现、探索“两山”转化有效路径的时代背景下，万安作为赣江中游生态屏障核心区，肩负着绿色发展示范引领的重要使命。为完成生态产品价值实现走前列的目标，万安亟须在“算得清、销得快、卖得好”上下功夫，系统构建以“数据链”掌握生态底数、“转化链”推动市场化运营、“价值链”助力品牌跃升的多维协同体系。

1. 以“数据链”绘制生态产品价值地图

“绿水青山”的精准度量是价值转化的前提，要建立生态产品基础信息调查和动态监测机制，以夯实生态产品价值实现的基础。万安坐拥赣江中游生态屏障与丰富富硒资源，已在重点区域布设环境监测点位，初步形成水土气基础数据库。当前，卫星遥感、区块链、人工智能等技术的深度融合，正推动生态监测向自动化、智能化、高精度化跃迁，为万安实现监测数据“真、准、全、快、新”标准提供了全新机遇。创新运用“网格化”“三维化”监测网络等手段，开展生态产品基础信息调查监测，摸清生态产品的构成、数量、质量、分布等底数，整合土地、湖水、森林、湿地等资源数据，实现对万安全域的生态本底调查。依托国土空间治理数字化平台，健全生态产品动态监测制度，跟踪掌握生态产品的数量分布、质量等级、功能特点、权益归属、保护与开发情况、价格等信息，绘制生态产品价值地图，提高生态产品调查监测数据的精准性和共享性。

2. 以“转化链”推进生态资产市场化运营

“万安富硒大米”“万安鱼头”等已初具品牌效应，生态渔业、林下经济的潜能有待进一步释放，生态优势转化为经济发展优势需要高效的市场化路径支撑。以现有的林权、水权等自然资源确权改革为基础，加快推进生态资产权益化、产权化进程。围绕“资源—资产—资本”转化主线，在自然资源确权改革基础上，推进生态资产的权益化、产权化。创新推出"湿地占补平衡指标"等可交易生态权益产品，并探索通过省级公共资源交易平台开展集中挂牌，提升生态资源要素的市场流通性。设立县域生态产业引导基金，创新"财政引导＋市场跟投"模式，吸引社会资本投向富硒农产品精深加工、康养旅游、林下经济综合体等生态友好型产业，构建多元投入、协同推进的发展格局。设立生态共富工坊示范点，鼓励村集体、返乡能人、专业合作社等主体以林权、水权、"鱼票"等生态资产入股，发展"共创—共建—共享"的生态经济微单元；打造两山公司生态产品交易平台升级版，应用"线上＋线下"深度融合的生态产品交易新范式，线上与抖音、拼多多等新兴电商平台共建万安生态产品数字馆，推动"产地直发＋定制服务＋消费回馈"一体化运行，线下则布局集品牌展示、消费体验、仓配物流于一体的生态产品展销中心，增强市场链接能力。开展碳票、绿证等生态资产金融化试点，创新"生态产品未来收益权质押贷款"，以产品全生命周期预期收益为担保，全面提升生态产品的市场竞争力与金融机构的参与度，拓宽生态产品变现通道，推动生态资产市场化运营迈向更高水平。

3. 以"价值链"实现生态产品品牌跃升

在生态产品价值实现的市场化进程中，品牌化建设已成为连接优质生态资源与高端消费市场的关键纽带。万安现有"井冈山"区域公用品牌、"一江秋"富硒大米等特色农产品品牌，存在品牌体系杂乱、市场辨识度不高，整体仍处于价值链中低端，高端消费市场渗透力不足等现实短板。面对消费市场对"功能＋体验＋情感"复合型产品的需求激增，以"两山"理念为指导，不断推动生态产品向价值链高端延伸，未来可结合本地特有的生态资源禀赋与文化元素，将品牌的单一功能价值升维至"功能价值＋体验价值＋情感价值"的融合共生，形成独特的发展势能。做到源头生态叙事可视化，实现功能价值的体验化表达；中段打造体验式流通网络，将消费行为转化为生态沉浸与共创历程；最终，借由构建价值共生社群，使品牌成为联结个体行动与区域永续发展的活力枢纽，闯出一条从"卖产品"走向“运营生态价值共同体”的跃迁之路。构建以“赣江源”为母品牌，涵盖生态渔业、富硒粮油、林下经济等垂直领域子品牌的分层体系，通过“地域 IP+ 产业 IP”的双重赋能，提高品牌辨识度与市场竞争力。同时，积极推进跨区域联名合作，与长三角、大湾区消费市场共建“生态飞地”，携手盒马鲜生等消费端企业联合开发“万安湖鱼 + 盒马鲜生”等定制产品，有效缩短供应链层级，实现生态产品从资源整合到品牌塑造、市场拓展的全链条溢价升级。

四、生态治理体系系统集成

党的二十届三中全会审议通过的《中共中央关于进一步全面深化改革、推进中国式现代化的决定》强调“深化生态文明体制改革”，提出“必须完善生态文明制度体系，协同推进降碳、减污、扩绿、增长，积极应对气候变化，加快完善落实绿水青山就是金山银山理念的体制机制”。万安可探索以空间管控制度精细化、绩效考核机制多元化、区域协作体制机制高效化为三大支柱的生态文明制度体系，打造县域生态文明制度创新的标杆。

1. 空间管控制度精细化：筑牢生态安全屏障

生态空间是县域绿色发展的根基，制度化的空间管控是守住生态安全底线的关键。万安山水格局独特，境内拥有大片天然林地、优质水域和多类生态敏感区，具备良好的生态本底资源，现有的生态空间管控制度以“三区三线”为基础框架，即生态保护红线、永久基本农田、城镇开发边界，通过划定生态、农业、城镇空间边界实现国土空间用途的分类管控。空间管控正从“统一划定”走向精细治理，为缓解生态安全、产业布局与居民生活多重目标之间的矛盾，构建“分类 + 分区 + 分级”碳中和空间管控制度，以动态感知与智能决策支撑生态与发展双赢。首先，构建以碳中和目标为导向的生态空间分级管控机制。在统筹划定“三区三线”的基础上，增设“碳汇功能区”“生态缓冲区”等功能导向型管控单元，精细识别不同区域的生态服务功能与承载能力；发挥区域比较优势，落实主体功能定位要求，完善差别化支持政策；加强赣江、罗霄山脉、雩山山脉等生态空间管控，筑牢生态安全屏障。二是强化数字化空间治理手段。通过"卫星遥感＋地理信息系统（GIS）＋区块链"实现对土地用途变更的全过程动态监管与溯源管理，提升生态空间治理的科技化水平和透明度。同时，实施"分类用途管控＋分区准入机制"，创新"生态功能分区动态评估机制"，根据生态环境变化、产业发展需求，每季度对生态保护红线、永久基本农田、城镇开发边界进行弹性优化调整。打破以往"统一红线、一刀切"的管控模式，对不同功能区（如生态保育区、生态修复区、生态适度利用区）实施差异化准入标准，针对高敏感区域实行全生命周期管控，建设活动强度评估模型，实现精细到"地块级"精准决策。此外，推动"村规民约＋规划编制"协同机制，将生态管控要求下沉到乡村规划层级，形成"村级规划师制度"，实现生态管控末梢治理。

2. 绩效考核机制多元化：重塑绿色发展指挥棒

"绿水青山就是金山银山"的发展理念深刻揭示了生态与经济的辩证关系，而绿色GDP核算理论则为科学衡量发展质量提供了量化工具。但从现状来看，生态绩效考核仍以单项结果为主，尚未形成体系完备、管理闭环的制度机制，亟须构建覆盖对象更广、指标维度更全、导向功能更强的生态文明绩效考核机制，实现由单一向多元、由末端向全过程、由定量向定性与定量融合的系统跃升。对此，万安县需要构建以"考核对象多维覆盖＋考核指标多元创新＋考核手段智能嵌入"为核心的生态文明绩效多元化考核机制。首先，既要构建涵盖资源消耗总量、环境质量改善、生态服务提升等维度的综合性动态生态绩效指标体系，推动传统考核向"碳强度＋生态价值增量"的双维评价升级。其次，应构建"生态账户"责任追溯机制，完善好生态资源资产负债表，实施任前备案制与离任回溯审计制度，新任干部需明确保护目标，离任后由第三方量化评估资源损益与生态负债，审计结果作为干部晋升"一票否决"的依据。再次，在区域方面，引入分区分类考核逻辑，将流域保护区、生态敏感区、绿色发展区等划分为不同生态责任单元，分别设置考核目标与任务清单，突出差异化、精准化导向；创新试点“生态修复期权”考核机制，在新增工业用地时同步认购生态修复期权，将生态修复承诺纳入考核加分项，并允许在区域间交易修复指标，增强激励灵活性。最后，构建“生态锦标制”干部激励机制，双轨并行推动政治与市场激励，年度考核前10%的干部可优先晋升并获得荣誉奖励，责任团队则可分享新增碳汇交易等生态收益，实现“保护者受益”的制度化安排；进一步探索跨县考核结果互认机制，建立赣江“生态绩优股”交易市场，让守护绿水青山的地区真正享受到可持续发展的红利。

3. 区域协作体制机制高效化：激活流域治理新动能

生态问题往往跨区域、跨流域，必须通过协同机制实现共同治理。万安地处跨流域交界地带，是赣江中游生态联系的重要枢纽区域，生态保护不仅关乎本地发展，也关乎流域整体生态安全。然而，目前县域间生态联防联控机制尚不健全，流域治理存在协作效率低、信息共享不畅等制度短板，制约了绿色发展的系统性推进。针对这一现状，万安县可在赣江流域范围内探索建立统一、高效、可持续的生态协作机制。一是依托赣江中上游生态共建带的区位优势，联合泰和、吉水、峡江等地建立赣中流域生态协同治理联盟，同时设立赣江中上游流域生态治理联席会议，定期召开生态环境形势分析会、问题协调会与经验交流会，推动上下游县区从“信息汇报”转向“共同决策”，实现生态事务的常态化沟通与协同处置。二是推动建立“跨县联动网格”制度，对重点排污口、农业面源污染高发区、生态保护红线区域进行统一巡查、联合执法，避免执法盲区和责任悬空。三是探索“上下游共保”协议制度，各县区在遇到突发水体污染事件或跨境生态扰动问题时，依据协商约定共同响应、共同承担、共同修复，提升治理效率。

第三节 完善绿色低碳发展政策措施

绿色低碳发展是一项系统工程，离不开强有力的政策保障。结合现行政策措施的运行，万安县将进一步加强行政规范性文件和政策保障，构建以新质生产力为导向的绿色技术创新体系，完善激励各类参与主体活力的政策措施，不断加强绿色发展支撑保障。

一、健全绿色低碳发展保障政策

随着万安县生态文明建设由被动应对、重点整治转向主动作为、系统治理，加快经济社会发展全面绿色转型，有利于协同推进降碳、减污、扩绿、增长，拓展"绿水青山"转化为"金山银山"的路径，更好地构建建设美丽万安新格局，筑牢生态根基。要实现绿色低碳发展，还需要从长效投入机制、科学决策机制、综合执法体系、监测评估与考核问责机制四个方面充分发挥政策引领、规范约束的保障作用，构建目标清晰、体系健全、执行有力的绿色发展政策框架，为全面绿色转型提供坚实制度保障。

1. 进一步健全绿色发展长效投入机制

绿色发展具有投资周期长、初期风险高、社会和环境效益显著的特点，建立长效投入机制的关键在于吸引那些愿意承担长期风险、追求长期可持续回报的"耐心资本"。发挥财政投入引导作用,采用"进规划""进考核""进监测""进决策""进项目""进交易"方式进行绿色化改造，按照"因素法＋项目清单"方式，每年支持实施绿色化转型上百个示范项目，引导企业加快生产制造方式变革。设立年增速不低于财政收入的县级绿色发展基金，精准投向山水林田湖草沙系统修复等基础领域，重点支持富硒农产品深加工、生态研学基地等绿色产业孵化，筑牢公共服务根基。市场机制激活金融"活水"，创新推出"生态贷""碳汇收益权质押"等金融产品，结合国家发布的"超长期特别国债"推行"地方政府超长期特别国债"，对林业碳汇、水域治理等资源循环利用项目给予贴息；探索捆绑赣江岸线整治与生态旅游开发的 EOD 模式，吸引社会资本参与运营；建立跨流域生态补偿机制，争取省级资金反哺水源地保护。价值转化打通资源通道，依托县级生态产品交易中心推动林地经营权、排污权的市场化流转，试点两山公司收储闲置农房与低效林地，经生态提质后引入专业资本开发康养民宿、林下经济综合体，实现“资源—资产—资本”的跃升循环。通过财政精准滴灌、金融创新赋能、市场高效运作三维协同，为生态价值转化注入不竭动力。

2. 进一步健全绿色发展科学决策机制

面对绿色转型的系统性挑战，万安县正在推动决策模式从经验导向型决策向科学型决策升级，形成“数据构建—场景体现—民意支持”三位一体的决策闭环。数据底座支撑精准研判，打造全域生态云脑系统，采用无人机技术和卫星地图动态追踪森林碳储量、水质波动、企业能耗等核心指标，绘制高精度“生态资产一张图”，为 GEP 核算提供量化基线，科学界定生态开发阈值。数字赋能打造场景转化，运用“孪生技术”“物联网技术”“三维动态建模”等技术集群，实现多维数据与空间规划方案的可视化推演与人机交互虚拟仿真，为科学决策提供沉浸式分析环境。科学论证与公众参与深度融合，实施重大政策与项目“生态可行性预审制”，完善“专家智库论证 + 公众监督听证”机制，将专业科学评估与公众意见征求有机结合，针对赣江航道升级、风电场选址等敏感议题，联合科研机构模拟生态扰动，通过村民议事会、听证会、网络问卷等形式广泛吸纳民意。

3. 进一步加强综合执法监管体系建设

深刻认识到“徒法不足以自行”，着力提升环境执法效能。整合多部门执法力量，推进“生态环保综合执法大队”实体化运作，建立信息共享、联合检查的万安综合执法平台，破解“九龙治水”困局。一是监控预警。通过整合卫星遥感动态扫描、无人机自动巡航、地表传感设备集群，建成全域覆盖的"空天地"一体智能监控网络实时捕捉污染源，对触发生态红线的重大案件进行识别。二是执法联动。由公安部门牵头查封固证，同步实施"法院生态赔偿 + 公安行政处罚"联动工作模式，法院提前介入冻结资产并委托损害评估，明确在查处违法行为、进行行政处罚的同时，对符合生态环境损害赔偿条件的,同步启动索赔,即"一案双查"。三是民情共治。信访部门开通"民情直通车"二维码通道，将群众上访诉求转化为定量索赔依据，确保"群众诉求不落空、企业担责不漏项"。

4. 创新监测评估与考核问责机制

构建科学的绿色发展"指挥棒"和"评判尺"。持续完善绿色发展指标体系，加大生态保护红线管控成效、环境质量改善度、资源利用效率、绿色产业增加值占比等核心生态指标的考核权重，支持开展包括"碳足迹""碳标签"等相关新标准在内的标准化体系建设工作，鼓励制定并完成发布国际标准、国家标准、重要地方标准和"江西标准"标识。强化考核结果的刚性运用，将绿色发展实绩作为领导干部综合考核评价、选拔任用、评优评先和财政奖惩的核心依据，实行重大生态环境问题"一票否决"。坚持从政治上看、从政治上抓，透过问题看认识、看站位、看偏差，以监督责任的履行到位促进主体责任的全面落实。对专项监督中发现的生态环保责任落实不到位等问题，采取约谈提醒等方式，抓早抓小、防微杜渐。建立健全生态环境损害责任终身追究制，对不顾生态环境盲目决策，造成生态环境质量恶化和严重后果的，明确生态环境损害责任终身追究的实施主体和责任承担主体，无论责任人是否调离、提拔或退休，都必须依法依规严肃追责，树立"绿色政绩观"的鲜明导向。

二、激活绿色发展内生动力

推动经济社会发展绿色化、低碳化是实现高质量发展的关键环节，是促进人与自然和谐共生的内在要求。万安县要通过健全全要素市场化配置体系、创新绿色金融产品与服务、培育壮大绿色市场主体与构建产业生态，构建能够有效反映资源稀缺程度、生态环境损害成本和修复效益的市场机制，激发各类市场主体投身绿色发展的积极性、主动性、创造性。

1. 健全全要素市场化配置体系

健全全要素市场化配置体系的核心在于深化要素市场化改革，将生态环境要素纳入市场化配置范畴，通过清晰界定产权、建立交易机制、优化定价规则，推动土地、能源、水资源、排放权、用能权等关键生产要素向绿色低碳领域高效流动和优化配置。一是科学界定重点企业初始排污权及用能权额度，确保确权精准、分配合理；积极对接省市级交易平台或建设县级辅助系统，搭建规范透明的交易市场，引导企业间依法依规交易富余指标，实现经济效益与环境效益“双赢”。二是健全资源环境要素市场化配置机制，在保障农业灌溉和生态基流前提下，试点农业节水水权、工业再生水权交易，激活水资源优化配置；深化集体林权制度改革，完善林权流转服务平台，规范林权抵押融资，支持林下经济、森林康养等绿色产业发展，并探索林业碳汇项目开发与交易机制，大力引导各类资源环境要素向绿色生产力领域汇聚。

2. 创新绿色金融产品与服务

一是构建多层次绿色金融支撑体系。以数字平台建设为抓手，支持吉安市“吉惠通”一站式金融综合服务平台拓展绿色金融服务功能，引导更多绿色金融与普惠金融市场信息、扶持政策等资源向平台汇聚。积极开发“绿色 + 普惠”金融产品。推广经营权抵押贷款模式，开发“林农快贷”“公益林补偿质押贷”等产品，拓宽绿色中小企业抵质押物范围，大力发展权益质押类信贷产品和纯信用贷款。二是拓展金融创新支持生态产品价值实现路径。拓展开发生态产品权益、收益与信用相结合的专项金融产品；稳步推进“财政惠农信贷通”工作，探索开发“生态信贷通”产品；推进生态产品资产证券化，支持从事优质生态农产品供给、生态旅游发展、生态文化创意等企业发行生态债券；统筹生态领域转移支付资金，构建分类补偿与统筹补偿相结合的生态补偿机制。三是加快培育生态产品交易市场。统筹生态权益、环境权益交易供需，稳步推进土地、矿产、森林、水、碳汇等自然资源权益交易，积极推进用能权、排污权、水权有偿使用与交易；建立健全生态碳汇实现机制，探索开发各类基于生态碳汇的金融衍生品，开展远期林业碳汇资产市场化试点运作；推广"两山"智慧管理平台、湿地资源运营中心等平台，整合生态资源收储和流转，通过资本赋能和市场化运作，推动生态资源变现。

3. 培育壮大绿色市场主体与构建产业生态

多措并举激发企业绿色创新活力、优化产业发展环境。一要着力强化企业主体地位。实施"绿色标杆企业"培育计划，在政策、资金、技术上给予重点倾斜，支持其与高校共建绿色技术研发中心和中试基地，落实研发费用加计扣除政策推动技术攻关。二要推动全产业绿色发展与转型升级。做好柑橘优势区、茶叶产区、绿色生态农产品等特色领域的金融服务工作，加大对农业装备产业集群、农业现代化的支持力度，推广"金融支持 + 合作社 + 农户"模式。鼓励金融机构开发创新转型金融产品，加大对重点高碳企业战略性重组的支持力度，支持万安争创国家产业转型升级示范区。加强绿色直接融资市场建设，聚焦高端绿色制造产业、新一代新能源产业、前沿新材料产业等细分领域，支持符合条件的绿色企业上市融资，更充分地发挥区域性股权市场的作用。三要同步优化绿色产业生态。建设专业化园区，完善集中供热、污水协同处理等设施，降低企业合规成本；搭建绿色技术供需对接平台并举办产业博览会；健全绿色产品标准认证体系，提升"万安生态"品牌公信力。创新引导公众绿色消费，加大绿色标识产品宣传力度，探索个人绿色消费积分奖励制度，并在机关、学校等公共机构全面推行绿色采购、绿色办公与出行，以需求侧变革倒逼供给侧绿色转型，形成市场良性循环，健全绿色消费激励机制，推动形成绿色低碳的生产方式和生活方式。

三、完善以新质生产力为导向的绿色技术创新体系

发展新质生产力，其核心在于科技创新引领的产业深度转型升级，而绿色化正是新质生产力的内在要求和重要方向。万安县通过“主体人才驱动、技术平台支撑、环境服务保障”三位一体的协同发力，构建一个充满活力、高效运转的绿色技术创新生态系统，为新质生产力的加速形成和县域经济社会的绿色低碳转型提供核心动能。

1. 培育绿色技术创新主体与人才队伍

人才与企业是创新的核心载体。习近平总书记强调：“强化企业创新主体地位，构建上下游紧密合作的创新联合体，促进产学研融通创新，加快科技成果向现实生产力转化。”针对当前绿色科技型企业数量少、规模小，万安亟须引进掌握绿色技术的高端复合型人才，未来将实施创新主体与人才双轮驱动策略。在引才方面，突出“不求所有、但求所用”的柔性理念，大力引进国内外富硒产业、生态环保、循环经济等领域的顶尖团队和领军人才，配套一事一议政策包，重点推行顾问制、“周末工程师”等模式，吸引专家定期进行现场指导或远程协作，以解决关键技术难题。在培育本土创新主体方面，注重借鉴沿海发达地区先进经验，支持本地中小微、高成长型企业向绿色创新方向发展，通过引导其与沿海高新技术企业结对子、建立联盟，采取走出去学习和请进来指导等双向交流机制，有效嫁接先进技术与管理经验，着力打造一批具有核心竞争力的绿色技术专精特新企业和本土成长起来的“小巨人”企业，同时鼓励企业与高校院所联合成立绿色技术研究院深化产学研合作。为筑牢人才基础，万安将持续深化产教融合，联合职业院校开设生态农业技术、绿色食品加工等特色专业，定向培养“土专家”“新农人”，并依托“两山”学院大规模、有针对性地培训基层技术人员和新型经营主体，形成多层次、本土化的人才供给格局。

2. 构建绿色技术创新高效支撑网络

科技是绿色转型的核心驱动力，协同联动的技术创新体系能为绿色发

展提供持续动能。近年来，万安已初步形成以富硒农业和生态种养为代表的绿色发展格局，为构建区域绿色技术体系奠定了坚实基础。当前，还需在已有探索的基础上，高效打通技术落地的"最后一公里"，搭建起支撑绿色发展的创新网络架构。为此，可从关键技术攻关与平台建设、技术示范推广两个层面着力推进。一方面，聚焦核心领域突破与平台赋能，设立县级绿色技术专项扶持资金，重点支持富硒土壤提质增效、农业面源污染防控、农产品绿色加工、废弃物资源化利用等关键技术研发；同步加强绿色技术孵化与推广平台建设，联合省内高校及科研院所共建集研发、中试、推广功能于一体的综合服务平台，并积极结合向沿海发达地区学习交流的成果，识别引进适合本地需求的先进绿色技术进行消化吸收和本土化应用。另一方面，强化示范引领与集成应用，规划在核心农业区建设覆盖全链条的绿色技术综合应用示范区，通过设立绿色技术试验区与示范项目，系统性地集成、展示并推广包括自主研发和引进转化在内的各类先进适用技术，为全县范围提供看得见、学得会、可复制、易推广的技术样板和实践经验。

3. 优化"1+1+N"绿色创新的营商环境

绿色创新的活力源于高质量的制度供给与高效能的服务支撑。未来，万安可以系统性打造一个"政策引领 + 审批提效 + 服务赋能"的"1+1+N"绿色创新营商环境体系。首先，在政策激励与风险保障方面发力，计划制定专门的绿色技术创新企业认定与扶持办法，通过量身定制的税费减免、用地保障、政府采购等政策提供精准支持，并探索设立绿色技术应用风险补偿资金池，为率先应用首台装备或试点新模式的创新主体提供必要的风险兜底。其次，对标先进地区经验推行极简审批制度，深入学习借鉴浙江"最多跑一次"改革的精髓，针对绿色技术项目设立绿色通道并实行承诺制审批机制，通过推行一窗受理、并联审批、限时办结大幅简化流程，依托线上平台实现"只跑一次"乃至"一次不跑"，同时编制公开审批事项清单、材料清单和流程图以最大限度降低制度性交易成本。此外，加强智慧服务与沟通桥梁建设，成立由技术专家、企业家和管理者共同组成的绿色创新咨询委员会，为政策优化和项目评估提供智力支撑，并积极对接省级赣服通等政务服务平台，推动绿色技术创新相关的政策咨询、项目申报等服务实现“一网通办”和“掌上办”，全面提升服务的可及性与便利度。

四、构建多元主体制度化参与的生态共治格局

为推动生态文明建设向纵深发展，需要系统构建多元主体广泛参与、共建共享的生态治理格局，强化政府、企业与社会公众的参与机制，实现“共商共建共治共享”的治理目标。

1. 建立“协同共治”导向的干部参与机制

构建以“共谋、共建、共评、共治”为核心的干部生态治理责任体系。一方面，推行“生态听证＋群众评价”制度，将生态保护项目审批、重大规划调整等事项纳入公开听证程序，邀请群众代表、环保专家、基层干部共同参与，提高政府决策的透明度与公众信任度。另一方面，设立绿色治理责任清单，系统划分不同层级干部在生态文明建设中的职责边界，推动责任精准化管理。同时，建立绿色履职年报制度，由各级干部每年向社会公布生态履职情况，接受基层群众和第三方机构的双重评估，形成常态化问责与激励机制，提高政府在生态治理中的专业性与公信力。

2. 推进企业生态责任的制度化进程

将生态责任深度嵌入企业运营体系，形成“制度引导＋信用约束＋行业协同”的生态责任落实机制。试点企业生态承诺制，鼓励企业就碳排放、能耗控制、绿色转型等关键指标签署公开承诺书，并将履约情况纳入国家企业信用信息公示系统，推动企业信用与生态表现联动管理。同时，联合行业协会发起行业绿色共识公约，制定绿色生产、环保投资、资源节约等量化指标，形成自律性生态保护规范。在行业内部建设绿色责任协同平台，推动企业间共享绿色技术、互评履责情况，形成生态责任共同体，提升行业整体绿色治理水平。

3. 构建生态文明教育与参与体系

构建“制度引导 + 数字赋能 + 实践驱动”的立体化生态文明教育与参与体系，激发全民生态共识与行动力；设立“生态文明宣传月 + 公众参与日”制度，定期开放环保设施参观、政策咨询、绿化认领、河湖认养等场景化体验通道，保障公众在生态事务中的知情权、表达权与参与权。同步打造数字化公众参与平台，依托 App、小程序与政务服务端口，提供投诉建议、舆情反馈、问题上报等功能，创新开展线上微听证、公众打分、生态积分兑换等互动活动，形成人人参与、人人受益的良性互动格局。同时，构建贯穿“认知—体验—行动”全过程的青少年生态教育体系，将生态文明理念系统融入基础教育内容与教学场景。在校园内建立生态公民培养机制，开发涵盖区域特色的校本教材，开设生态研学与生态劳动课程，引导学生树立可持续发展观念。依托自然教育基地、公园、环保企业等，建设集观测、研学、科普于一体的青少年生态实践场，鼓励学生以“生态小记者”“环保小讲师”等身份参与生态宣传与治理，全面提升其实践能力与生态责任意识，营造“生态文明教育从小做起、从我做起”的良好氛围。